内蒙古自治区自然科学基金项目（2021LHMS05015）

循环加卸载作用下
煤-岩结构体稳定性能研究

李 谭/著

U0251654

四川大学出版社
SICHUAN UNIVERSITY PRESS

图书在版编目（CIP）数据

循环加卸载作用下煤－岩结构体稳定性能研究 ／ 李谭
著 . 一 成都 ： 四川大学出版社，2023.5
（资源与环境研究丛书）
ISBN 978-7-5690-6118-5

Ⅰ. ①循… Ⅱ. ①李… Ⅲ. ①煤层－围岩稳定性－研
究 Ⅳ. ① TD325

中国国家版本馆 CIP 数据核字（2023）第 086859 号

书　　名：循环加卸载作用下煤－岩结构体稳定性能研究
　　　　　Xunhuan Jiaxiezai Zuoyong xia Mei-yan Jiegouti Wending Xingneng Yanjiu
著　　者：李 谭
丛 书 名：资源与环境研究丛书

丛书策划：庞国伟　蒋　玙
选题策划：蒋　玙
责任编辑：蒋　玙
责任校对：周维彬
装帧设计：墨创文化
责任印制：王　炜

出版发行：四川大学出版社有限责任公司
　　　　　地址：成都市一环路南一段 24 号（610065）
　　　　　电话：(028) 85408311（发行部）、85400276（总编室）
　　　　　电子邮箱：scupress@vip.163.com
　　　　　网址：https://press.scu.edu.cn
印前制作：四川胜翔数码印务设计有限公司
印刷装订：四川省平轩印务有限公司

成品尺寸：170mm×240mm
印　　张：10.75
字　　数：205 千字

版　　次：2023 年 6 月　第 1 版
印　　次：2023 年 6 月　第 1 次印刷
定　　价：52.00 元

本社图书如有印装质量问题，请联系发行部调换

扫码获取数字资源

四川大学出版社
微信公众号

前　言

我国是目前世界上最大的煤炭生产国和煤炭消费国。煤炭的生产和消费占我国不可再生能源生产和消费总量的 60％以上。在今后相当长的一段时期内，煤炭产业稳定、健康、持续地发展对我国国民经济和社会发展具有至关重要的作用。因此，必须保证煤炭生产的安全与高效，使国民经济能够稳定、持续发展，国家实力稳步上升。

随着煤矿开采深度增大，地质构造条件越来越复杂，冲击地压、煤与瓦斯突出等动力灾害发生的频率和严重程度度增大。在煤矿生产过程中，断层、煤层冲刷带、煤层褶皱等地质构造引起煤－岩系统中煤层厚度和岩石性质的变化，形成应力集中，经常导致冲击地压发生。煤层冲刷带是煤矿常见的地质构造，煤层冲刷带及其附近煤－岩系统除受构造应力作用外，还受到由硐室爆破、巷道掘进及工作面回采等工程活动的影响。煤－岩系统在类似循环加卸载作用下必然会产生损伤，降低煤－岩结构体的承载能力，导致巷道、煤柱发生失稳破坏。因此，循环加卸载作用下的不同煤－岩高度比、不同岩石性质的煤－岩结构体的力学性能、破坏特征、能量演化规律，以及煤岩单体力学特性与煤－岩结构体之间的联系，都需要深入研究。

本书以煤层冲刷带为研究背景，建立煤－岩结构体力学模型，对不同岩性和煤－岩高度比的煤－岩结构体进行单轴压缩实验、单轴循环加卸载试验，分析岩性、煤－岩高度比对煤－岩结构体的力学特性、破坏特征、能量演化规律等的影响，揭示损伤机理，为煤层冲刷带影响范围内的巷道围岩破坏、煤柱留设及冲击地压防治机理提供依据。

本书可供煤矿领域从事开采工艺理论及工程应用的科研人员、高等院校相关专业师生参考，也可供煤矿防灾消灾领域从事岩土工程专业技术人员阅读。

本书出版得到了内蒙古自治区自然科学基金项目（2021LHMS05015）和内蒙古科技大学科研启动专项经费的资助，编撰过程中参阅了相关专家、学者的大量文献，在此一并表示感谢。

　　由于作者水平有限，书中难免存在不妥之处，恳请读者批评指正。

著　者

2023 年 1 月

目　录

第1章　概论 ……………………………………………………………（1）

1.1　研究背景及意义 …………………………………………………（1）

1.2　国内外研究现状 …………………………………………………（2）

1.3　存在的问题与不足 ………………………………………………（9）

第2章　煤－岩结构体力学模型及能量理论分析 ………………（10）

2.1　煤－岩结构体力学模型 ………………………………………（10）

2.2　煤－岩结构体能量理论分析 …………………………………（13）

第3章　煤－岩结构体单轴压缩试验及变形破坏特征 …………（23）

3.1　煤、岩单体单轴压缩试验 ……………………………………（23）

3.2　煤－岩结构体单轴压缩试验 …………………………………（29）

3.3　裂纹演化及破坏特征 …………………………………………（36）

3.4　煤－岩结构体与煤、岩单体单轴压缩试验结果对比分析 ………（45）

3.5　煤－岩结构体冲击能量指数演化规律 ………………………（47）

第4章　煤－岩结构体单轴循环加卸载试验及变形破坏特征 …（53）

4.1　煤－岩结构体单轴循环加卸载试验 …………………………（53）

4.2　煤－岩结构体力学特性 ………………………………………（62）

4.3　强度对比分析 …………………………………………………（75）

4.4　裂纹演化及破坏特征 …………………………………………（76）

第5章　煤－岩结构体在循环加卸载作用下的能量演化规律及损伤特征

………………………………………………………………………（97）

5.1　煤－岩结构体的能量计算 ……………………………………（97）

5.2　煤－岩结构体能量演化规律 …………………………………（98）

5.3 损伤变量的计算 ·· (108)

5.4 煤-岩结构体弹性能量指数演化规律 ······················ (136)

第6章 工程应用与效果 ·· (140)

6.1 工程概况 ·· (140)

6.2 煤层冲刷带能量分布特征分析 ······························· (141)

参考文献 ··· (152)

第1章 概论

1.1 研究背景及意义

我国是目前世界上最大的煤炭生产国，也是最大的煤炭消费国。煤炭的生产和消费占我国不可再生能源生产和消费总量的 60％以上。在今后相当长的一段时期内，煤炭产业稳定、健康、持续地发展对我国国民经济和社会发展具有至关重要的作用。因此，必须保证煤炭生产的安全与高效，使国民经济能够健康、持续地发展，国家实力稳步上升。

我国煤矿 95％以上是井工作业，井下地质赋存条件复杂、工人素质参差不齐、技术管理水平不高，煤矿事故、人员伤亡及财产损失时有发生。近十年来，随着煤矿安全监管力度不断增大，落后产能逐步淘汰，我国煤矿安全状况好转，百万吨死亡率呈逐年降低趋势。提高我国煤矿生产的安全技术水平，是广大煤炭科技工作者奋斗的方向。

在煤矿生产中，矿井动力灾害比较常见，主要包括冲击地压、煤与瓦斯突出、底板突水和顶板冒落等。尤其是冲击地压的破坏范围大、释放能量多，造成经济损失大，严重制约我国煤矿安全、高效生产。冲击地压是指在高应力作用下，具有冲击倾向性的煤-岩结构体形成能量局部聚集，这些局部集聚的能量在采动应力等因素的影响下沿结构弱面突然向外释放大量能量的动力现象。冲击地压在发生过程中又时常诱发顶板冒落、煤与瓦斯突出、底板突水等其他次生动力灾害。

在煤矿生产过程中，断层、煤层冲刷带、煤层褶皱等地质构造引起煤-岩系统中煤层厚度及岩石性质的变化，形成应力集中，经常导致冲击地压发生。其中，煤层冲刷带是煤矿常见地质构造。而煤层冲刷带及其附近煤-岩系统除受构造应力作用外，还将受到由硐室爆破、巷道掘进及工作面回采等工程活动的影响。煤-岩系统在类似循环加卸载作用下必然会引起损伤，降低煤-岩承

1

载能力，导致巷道、煤柱发生失稳破坏。那么，在循环加卸载作用下，不同煤-岩高度比、岩石性质的煤-岩结构体力学性能、能量特征、损伤演化特征，以及煤岩单体力学特性与煤-岩结构体之间的联系，都是需要研究的问题。

因此，本书以煤层冲刷带为研究背景，建立了冲刷带煤-岩结构体力学模型，对不同岩性和煤-岩高度比的煤-岩结构体试件进行单轴压缩试验、单轴循环加卸载试验及三轴循环加卸载试验，结合煤岩 CT 分析系统、AE 系统及 DVC 系统，分析岩性、煤-岩高度比及围压强度对煤-岩结构体的力学特性、能量演化规律及破坏形态等的影响，揭示损伤机理，为煤层冲刷带影响范围内的巷道围岩破坏、煤柱留设及冲击地压防治机理提供依据。

1.2　国内外研究现状

大量工程实践表明，巷道围岩破坏、底鼓及冲击地压等灾害事故的发生是煤-岩系统在矿山压力作用下积聚较多能量，受到采掘等动力扰动时，积聚的能量克服岩石破坏后的剩余能量快速、大量地向外释放，造成煤-岩系统发生失稳破坏，进而引发煤矿事故。就目前研究来看，国内外许多专家学者以煤-岩结构体为研究对象，分别在理论分析、基础试验、数值模拟及现场实践等方面进行了大量研究工作，以下分别从循环加卸载作用下煤岩疲劳损伤、煤-岩结构体力学特性及煤-岩结构体破坏过程能量演化特征三个方面进行阐述。

1.2.1　循环加卸载作用下煤岩疲劳损伤研究现状

疲劳损伤是指材料在循环加卸载作用下，微观结构发生变化，引起缺陷扩展、汇合，导致材料宏观力学性能劣化，最终形成宏观裂纹或材料失稳破坏现象。最初，德国工程师 Wöhler 对疲劳现象进行了系统研究，提出了 S-N 疲劳寿命曲线及疲劳极限的概念，奠定了疲劳破坏的经典强度理论。Gerber 研究了平均应力对疲劳寿命的影响，提出 Gerber 抛物线方程，在疲劳损伤的发展史上起到了相当重要的作用。

在煤矿生产过程中，煤-岩结构体经常遭受循环载荷作用，造成许多灾害事故发生。因此，许多学者对煤矿生产中的煤岩疲劳损伤问题进行了大量研究，并取得了许多有价值的成果。

周详等利用颗粒流软件对循环加卸载作用下大理岩的裂纹扩展和力学响应

进行了分析，得出大理岩在循环加卸载作用下裂纹演化规律及裂纹角度对大理岩峰值强度的影响。赵军等研究了三轴循环加卸载作用下花岗岩的变形破坏特征，得出同等围压条件下循环加卸载作用的试样峰值强度、起裂应力和裂纹损伤应力总体上大于常规三轴循环加卸载作用的量值，卸荷弹性模量小于常规三轴弹性模量。秦涛等基于能量平衡理论，分析了不同围压下砂岩加卸载过程中能量密度的转化规律，从能量耗散角度定义损伤变量，建立了基于耗散能的损伤模型。张鑫等利用动态模糊聚类方法，对单轴循环加卸载作用下岩石声发射信号、加卸载响应比及声发射 b 值等的变化规律进行研究，并对三者进行综合分析，提高了预测岩石失稳的准确度。罗吉安等通过对砂岩进行循环加卸载试验，得出砂岩在每个阶段均有弹性变形和塑性变形，并基于最大正应力理论的岩石损伤本构模型准确反映了砂岩在循环加卸载作用下的应力-应变关系。

同时，张世殊等发现，循环加卸载的频率越高，砂岩的初始刚度越大，砂岩破坏时的循环次数也越多，残余轴向应变也就越大。何俊等对煤样在三轴循环加卸载作用下的声发射特征进行研究，认为峰值应力 85％左右是声发射参量的突变点。魏元龙等通过含裂隙页岩三轴循环加卸载试验，得到页岩在三轴循环加卸载作用下峰值强度、弹性模量和破坏形式的变化特性。孙益振等基于局部变形数字图像测量的三轴试验系统，对砂性散体材料进行了三轴循环加卸载试验，得出砂性散体材料在不同状态下的轴向、径向和体积变形特性及泊松比的变化规律。刘亚运等根据三轴循环加卸载试验中花岗岩破坏过程的声发射特征，分析研究花岗岩在循环加卸载作用下的能量演化规律。马林建等通过对盐岩进行三轴循环加卸载试验，发现盐岩的疲劳损伤过程与脆性岩石材料的差异性，并推断出盐岩的三轴循环破坏的上限应力阈值，得到盐岩轴向初始变形和稳态变形两个阶段的演化规律。许江等研究了循环加卸载过程中岩石损伤演化、声发射特征、滞回环演化、变形规律等。Ammar 等以富含夹层结构体为对象，研究了不同循环加卸载试验周期刚度、滞回环面积、能量耗散和阻尼对损伤密集程度的影响。Shkuratnik 等研究了煤试样在不同加载路径下的声发射特征，并对声发射参量、应力及应变之间的关系进行综合分析。He 等和 Bagde 等对砂岩进行循环加卸载试验后得出，循环加卸载的频率、振幅及速率都会对砂岩的疲劳力学特性产生影响，砂岩的疲劳寿命与加卸载频率成正比，与加卸载速率和振幅成反比。

然而，煤岩疲劳损伤的过程是一个渐进发展的过程，为了更好地描述煤岩的疲劳损伤过程，唐晓军等根据损伤力学理论，利用声发射与损伤具有一致性的观点，选取声发射特征参数来描述砂岩在循环载荷作用下的损伤演化特征。

赵玉成等通过对煤试样进行循环加载试验，揭示了循环载荷作用下煤样的力学性质和声发射演化特征。徐颖等分别通过逐渐增加载荷与等载荷的循环加卸载试验来研究泥岩试件的能量耗散与损伤特性，分析不同载荷水平下循环塑性应变与能量密度的关系，并从能量角度对损伤变量进行定义，对疲劳寿命进行预测。郭军杰等利用声发射监测技术，分别对煤样在循环加卸载作用下细观裂隙和宏观裂隙的发育、变形及声发射特征进行研究，并采用 PFC^{2D} 数值模拟软件，从细观层面分析了煤样在疲劳损伤过程中的裂隙演化规律。韩超等通过陕西柠条塔砂岩试样的单轴分级循环加卸载蠕变试验，分析了试件变形破坏过程中的能量演化规律，并提出能量衰减系数 λ，建立了能量与变形之间的关系。蔡国军等通过砂岩三轴循环加卸载试验，研究分析了围压强度、荷载大小和循环加载次数对滞回环面积的影响，认为岩石在循环加卸载作用下的破坏是一个损伤累积的过程。李杨杨等基于能量和分形理论，对煤试样进行不同加载速率的单轴循环加卸载试验，得出煤试样在变形破坏过程中的能量集聚、耗散、释放的转化机制及加载速率与煤样碎块块度的内在联系，为循环加卸载作用下煤试样失稳破坏机制的研究提供了帮助。

1.2.2　煤-岩结构体力学特性研究现状

在煤层冲刷带中，受煤矿开采活动影响较大的主要是煤层及其上覆岩层，而煤层及上覆岩层这一组合结构恰好构成煤-岩系统的基本单元。煤-岩结构体就是建立在煤系地层赋存条件下的简化模型，国内外学者从不同角度对组合煤岩结构进行了研究，并取得了一些进展。

蔡永博等对比分析了煤岩单体、原生煤-岩组合体及人工合成煤-岩组合体在单轴压缩作用下的力学性质和声发射特征，得出组合体界面差异对组合体力学性质和声发射特征的影响最大。吴根水对煤-岩组合体、含倾角煤-岩组合体及"锚杆+煤岩"锚固组合体等进行了系统的力学试验，分析了煤-岩组合体中岩石差异所造成的非线性破坏本质，探讨了各类条件下试样全过程破坏特征。余伟健等通过松散煤-岩组合体单轴压缩试验得出，松散煤-岩组合体的单轴抗压强度介于全岩试件强度与全煤试件强度之间，且在不同加载速率下，松散煤-岩组合体与全煤试件和全岩试件存在较大区别，松散煤-岩组合体的力学特性呈现先减小后增大的规律。窦林名等利用声发射和电磁辐射对煤-岩组合体单轴压缩实验进行监测，认为煤-岩结构体中岩石含量、强度越大，越有利于冲击地压的发生。左建平等通过煤-岩组合体三轴压缩试验，研究分析了围压强度对结构体峰值强度、弹性模量及破坏形式的影响，并根据岩石单体、煤单体和煤－岩组合体单轴压缩试验下的声发射特征，找出三者之间破坏机制的差异。陈绍杰等对不同煤－岩高度比的 5 组顶板砂岩－煤结构体进行单轴压缩试验，研究了顶板－煤结构体宏观破坏起裂应力、单轴抗压强度和弹性模量与煤－岩高度比的相互关系。姜耀东等利用双面剪切实验模型对不同轴向载荷下煤－岩组合体失稳滑动的产生条件、滑动类型、位移演化规律及滑动过程伴随的声发射特征进行了实验研究，得出轴向载荷与煤－岩组合体滑动形式的关系，同时模拟了结构失稳型冲击地压的发生过程，对于认识断层活化具有重要意义。

与此同时，郭东明等利用工业 CT 检测系统对单轴压缩载荷下的煤－岩组合体进行实时扫描，从微观角度研究煤－岩组合体的破坏演化过程，并利用莫尔强度理论对煤－岩组合体的应力、应变及煤岩组合强度进行计算分析，建立了煤－岩组合体从微观到宏观的变形破坏关系及演化机理。王晓南等利用声发射和微振对不同煤－岩组合体单轴压缩过程进行监测，研究了煤－岩组合体发生冲击破坏时的声发射和微振信号的强度与试样的单轴抗压强度、冲击倾向性及其煤－岩高度比的相互关系，并通过微振信号的振幅反映煤－岩组合体的冲击倾向性。杨二豪等通过不同配比的岩石、型煤材料的物理力学参数，建立了三种不同类型的煤－岩组合体，通过单轴压缩实验得到不同类型煤－岩组合体全应力－应变曲线及最终破坏形态，分析了三种组合体的抗压强度、弹性模量、纵波波速等力学参数，得到不同类型煤－岩组合体的力学变化特性。

杨科等制作了三组不同煤－岩高度比的"岩－煤－岩"（RCR）组合体，研究分析了煤－岩高度比对压缩过程中组合体试件的力学特性、能量转化特征、声发射信号及失稳破坏特征的影响。姚精明等采用实验室试验和分形理论相结合的方法研究了煤－岩组合体变形破裂的电磁辐射规律。李蒙蒙等建立了不同角度的煤－岩组合体，基于 Ansys 数值模拟对具有不同界面角度的煤－岩组合体破坏方式和应力分布进行分析。王晨等研究了煤体－夹矸－煤体的煤－岩组合体在动静载作用下的变形破坏特征和冲击失稳机理，发现煤－岩组合的强度随着夹矸厚度和夹矸倾角的增大而降低，夹矸倾角是煤－岩组合体是否发生滑移失稳破坏的重要因素。张泽天等通过对岩－煤－岩（YMY）、岩－煤（YM）、煤－岩（MY）三种组合体进行单轴压缩和三轴加载试验，得出煤－岩组合体破坏主要集中在煤体部分，单轴压缩条件下表现为以煤体部分拉张破坏为主的破坏特征，与组合方式和加载接触方式无关；三轴加载条件下表现为以煤体部分剪切破坏为主的破坏特征。

在数值模拟研究方面，Bao、Li、林鹏等利用 RFPA^{2D} 数值模拟软件建立了一系列三层岩体数值模型,揭示了从微裂缝形成、扩展、聚结、成核、充填、裂缝饱和、终止到界面分层的压裂过程。周元超等利用 RFPA^{2D} 数值模拟软件对不同高度比及不同组合方式下煤-岩组合体的力学特性和声发射特征进行了研究,煤-岩组合体中岩样高度所占比例越高,其峰值强度越大,声发射信号越强,产生的声发射能量也越多。薛俊华等采用 RFPA 数值模拟软件对顶板-煤-底板组合的煤-岩结构体进行数值试验研究,通过改变顶板刚度和煤-岩(顶板)高度比参数进行模拟,分析不同煤-岩组合对冲击倾向性的影响。付斌等利用 RFPA^{2D} 数值模拟软件对不同围压和不同组合倾角的泥岩-煤组合体、粉砂岩-煤组合体及石灰岩-煤组合体进行模拟,得出煤-岩组合体强度与组合体间的倾角成反比;构成煤-岩组合体的岩石强度越大,煤-岩组合体强度衰减越早;煤-岩组合体的声发射振铃计数最大值随着围压强度的升高呈现先减少后增大的过程;煤-岩组合体中岩石强度越高,声发射最大振铃计数值越高。王学滨利用 FLAC^{3D} 数值模拟软件研究了由弹性岩石与弹性-应变软化煤体构成的煤-岩组合体模型的破坏过程、全程应力-应变曲线、模型中煤体的变形速率及破坏模式等。Zhao 等为研究煤巷的稳定性问题,通过 FLAC^{3D} 数值模拟软件建立了由顶板岩层、煤层和底板岩层组成的结构模型,对复合模型的变形速率、破坏模式及剪切应变增量进行了数值模拟,研究分析了由软岩和煤组成的三体模型的损伤演化规律及煤层厚度对组合模型力学性能的影响。李晓璐等运用 FLAC^{3D} 对高度比(1∶1、1∶2、2∶1)、夹角(0°、30°、45°)及不同岩性的煤-岩组合体模型进行三维数值试验研究,分析不同的组合模式对冲击倾向性的影响。郭伟耀等利用颗粒流软件 PFC^{2D} 对不同煤-岩强度比和煤-岩高度比的煤-岩组合体的力学特性进行模拟研究,得出煤-岩高度比与冲击能量指数、极限抗压强度及弹性模量的关系。

　　煤-岩结构体在循环加卸载下的破坏是一个逐渐发展的弱化过程,为了更好地描述结构体的破坏过程,王金安等建立了采空区煤柱-顶板体系流变力学模型,得出矿柱支撑下采空区顶板受流变作用的位移控制方程,并对不同阶段采空区顶板破坏形式进行分析讨论。孙琦等对采空区煤柱-顶板体系的稳定性进行研究,将煤柱简化为满足西原模型的黏弹塑性体,将采空区顶板简化为弹性薄板,建立考虑煤柱黏弹塑性流变变形的采空区煤柱-顶板体系力学模型。秦四清等把坚硬顶板视为弹性梁,把煤柱视为应变软化介质,并采用 Weibull 分布描述它的损伤本构模型,用突变理论方法研究顶板-煤柱体系的失稳演化过程,并给出失稳的力学判据和失稳突跳量的表达式。Biswas 等在不同时间留设煤柱中钻孔,并使用钻孔渗透仪确定每个孔的强度剖面,对强度数据进行统计处理，得出一种确定现场煤柱和顶板强度随时间变化的独特方法。Petukhov 等分析了"顶板－煤体"稳定性问题，给出岩石峰后变形理论方程组，并制定稳定性准则。苗雷刚等利用分离式霍普金森压杆（SHPB）对岩－煤－岩组合体动态力学性质进行研究，结果表明，组合体在应变率较低时沿着加载方向轴向劈裂破坏，但随着应变率增大，破碎后的岩块分布逐渐呈现细粒化，且破碎程度随之增大，块度分维数值也呈线性升高。刘文岗等在分析煤－岩结构体破坏机理和采动影响的基础上，设计了煤－岩结构体力学模型及模拟煤－岩结构体突出的结构失稳加载试验系统，进行了煤－岩结构体加载失稳试验，获得了煤－岩结构体在试验过程中的能量集聚和释放特征。

1.2.3　煤－岩结构体破坏过程能量演化规律研究现状

受采掘活动的影响，冲刷带内煤－岩结构体的原岩应力平衡被打破，应力和能量的分布将重新调整。当煤－岩结构体集聚的能量大于破坏所需能量时，一部分能量将用于煤－岩结构体的破坏，而剩余能量以煤岩动力的形式向外释放，形成冲击。剩余能量越多，冲击造成的灾害越严重。岩石在变形破坏过程中均伴随着能量的输入、集聚、耗散与释放，岩石的破坏归根结底是能量驱动下的一种状态失稳现象。因此，从能量的角度去研究煤－岩结构体失稳破坏更具有普适性，更接近煤岩变形破坏的本质。截至目前，已有许多专家对煤－岩结构体失稳破坏过程中的能量演化规律进行了研究，并取得了大量研究成果。

谢和平等对能量耗散、能量释放等概念进行了阐述，认为基于能量耗散的岩石损伤演化能较好地描述岩石的失稳破坏过程，能量释放速度越快，岩石破坏越剧烈。华安增分析了原岩弹性应变能、隧道四周围岩应变能的释放与集聚情况、围岩应变能转移的条件及隧道开挖前方围岩能量变化，当围岩的能量达到该点的极限储存能条件时，多余的能量将要释放，造成围岩塑性变形或破碎，并自动向深部转移。如果释放的能量特别大，又不能向深部转移，将造成岩石冲击。赵阳升等基于岩体在非均质、各向异性、应力状态及其破坏方式和消耗能量存在差异的详细论证，提出了岩体动力破坏的最小能量原理。尹光志等用突变理论方法研究了煤－岩结构体在水平力和垂直力作用下的稳定性问题，导出脆性煤岩损伤能量释放率。黎立云等通过不同加载速度及不同载荷水平下的岩石单轴循环加卸载试验，得到了弹性模量与泊松比、可释放应变能与耗散能的变化规律。尤明庆等通过粉砂岩三轴加载试验，对岩样屈服破坏过程中的能量变化进行计算，认为岩石破裂时实际吸收的能量与所处围压成线性关系。刘建锋等通过对细砂岩和粉砂质泥岩的单轴循环加卸载试验，研究分析了岩石密度与塑性变形、滞回环面积、阻尼比、阻尼系数之间的相互关系。

与此同时，赵毅鑫等讨论了煤-岩组合体在压缩破坏过程中能量集聚与释放的规律，并利用红外热像、声发射、应变等方法对"砂岩-煤""砂岩-煤-泥岩"两种煤-岩组合体的单轴压缩过程进行监测，对比分析不同煤-岩组合体失稳破坏的前兆信息，得到煤-岩组合体失稳破坏过程中红外热像、声发射能谱及组合体不同部位应变的变化规律。左建平等对分级加卸载试验下煤-岩组合体的力学特性及破坏机制，以及循环加卸载作用下煤-岩组合体的能量演化特征及规律进行了研究。李成杰等对预制裂隙类煤-岩组合体进行了冲击压缩试验，研究不同裂隙形式组合体的能量演化特征，得出了预制裂隙组合体能量耗散和分形特性与裂隙倾角、位置的关系。Petukhov 等提出了顶板和煤组成的二体系统，给出了岩石破坏后的变形理论方程组，并对煤-岩组合体破坏过程的稳定性进行了判断。Zubelewicz 等在求解岩石初始静态问题后，利用动态扰动叠加的方法研究了动力失效模式，对岩石冲击现象进行了定量分析。付玉凯在分析顶板、煤层及底板试样的力学参数演化规律的基础上，确定了煤-岩组合体稳定破坏和失稳破坏的临界条件，并建立了冲击倾向性评定标准。邵光耀等分析了围压强度对不同煤-岩组合体能量释放和耗散的影响，得到了煤-岩组合体的能量演化特征。

此外，秦忠诚等通过不同比例的二元、三元煤-岩组合体的轴向加载试验，研究了能量在煤-岩组合体中的分布规律，并得出二元、三元煤-岩组合体峰前能量分布计算公式。姚精明等基于损伤力学和能量理论，对单轴压缩条件下煤体变形破坏产生电磁辐射能与受载煤体能量集聚、耗散的耦合关系进行了研究，分析了电磁辐射能和加载机械能的关系。李宏艳等依据统计损伤力学原理，对煤岩压缩过程中的能量演化行为进行分析，发现累积能量释放速率对时间的响应具有临界敏感性，并建立了以响应能量异常系数和无响应时间异常系数为评价指标的冲击危险性动态评价方法。杨磊等为了研究煤-岩组合体受压过程中的能量演化规律与破坏机制，对煤、岩石及三组煤-岩组合体进行了单轴一次加载与循环加卸载试验，分析了煤-岩组合体输入能密度、弹性能密度、耗散能密度、弹性模量与单轴抗压强度等力学参数的演化规律，得到了不同试样的储能特性，基于煤-岩组合体的力学响应、能量演化与变形破坏特征，建立了煤-岩组合体破坏的能量驱动机制。窦林名等通过试验对煤-岩组合体的冲击倾向性进行了研究，得出了煤-岩组合体的冲击倾向性指数与组合结构的相关性。聂鑫等分析和比较了不同煤-岩高度比的煤-岩结构体在单轴压缩作用下的强度和破坏形态，并以此为基础建立煤-岩结构体的力学结构模型，分析了煤－岩结构体在压缩作用下的变形破坏过程。兰永伟等对细砂岩－粗砂岩－煤组合体和细砂岩－煤－粗砂岩组合体的峰前、峰后变形能进行分析，得到了不同组分岩石对峰前、峰后变形能的影响规律。刘杰等分析了岩石强度对煤－岩组合体的力学行为的影响，研究了单轴压缩过程中不同煤－岩组合体的破裂形式、应力－应变等特性。

1.3　存在的问题与不足

综合国内外研究现状，许多学者对循环加卸载作用下的煤岩疲劳损伤、煤－岩结构体的力学特性及能量演化特征等问题进行了大量研究，并取得了一定成果，但仍存在以下问题，需要进一步深入研究：

（1）在制备不同煤－岩高度比的煤－岩结构体过程中，由于高度较小的试件制作困难，所以试验组数较少，试验结果离散性较大。

（2）在实际煤矿开采过程中，煤－岩系统受回采、掘进等因素的影响，煤－岩结构体承受循环加卸载作用。现阶段，国内外学者对煤－岩结构体的研究主要集中在单轴压缩情况下相同煤－岩高度比或相同岩性的结构体力学特性的研究。那么，在循环加卸载作用下，不同岩性、煤－岩高度比及围压强度对煤－岩结构体的力学特性、能量演化规律及破坏特征的影响需要深入研究。

（3）影响煤层冲刷带内煤－岩结构体应力及能量集聚的因素有很多，如煤－岩高度比、煤－岩强度比、煤－岩交界面倾角以及围压强度。但对于哪个影响因素是主要的，哪个影响因素是次要的，并没有具体的比较、分析。

（4）现阶段对循环加卸载作用下损伤变量及累计损伤变量的研究主要集中于单一岩石，很少有学者对循环加卸载作用下的煤－岩结构体的损伤变量及累计损伤变量进行研究，也很少有学者对循环加卸载作用下不同岩性、煤－岩高度比及围压强度对煤－岩结构体的损伤变量及累计损伤变量的影响情况进行研究。

（5）从能量的角度研究循环加卸载作用下煤－岩结构体的失稳破坏现象能够使复杂的问题研究简单化，使研究中涉及的因素及参数也会相应减少。基于能量的角度分析复杂的矿井动力灾害问题越来越得到公众的认可。但是，利用能量理论进行的研究主要以单一的煤或岩石为研究对象，对不同岩性、煤－岩高度比及围压强度条件下的煤－岩结构体的能量演化规律研究较少。并且目前针对煤－岩结构体的研究大多局限于基础试验、数学模型和基本理论研究，很难查阅到恰当的参数把基本理论和实际工程应用进行良好的衔接。

第 2 章　煤－岩结构体力学模型及能量理论分析

随着煤矿开采深度的不断增加，冲击地压等动力灾害问题日益突出，严重影响着煤矿的生产与发展。近年来，许多专家学者针对地质构造引发冲击地压的问题进行了大量研究，但是对由煤层冲刷带引起冲击地压的研究较少，对受采动影响的煤层冲刷带及其附近应力及能量演化特征的研究也较少。煤层冲刷带会使煤层厚度、岩石性质发生变化，对应力及能量的分布有较大影响，甚至会影响煤矿的掘进速度、回采率等。

因此，本章以煤层冲刷带为工程背景，建立了煤－岩结构体力学模型，并进行理论分析。利用 FLAC[3D]数值模拟软件，建立煤层冲刷带数值模型，研究冲刷带边坡倾角、煤－岩高度比、煤－岩强度比及围压强度对煤层冲刷带内能量集聚的影响，并对影响因素的敏感性进行分析，探讨煤－岩结构体变形破坏的能量驱动机制，为煤矿灾害的发生机理和防治提供理论指导。

2.1　煤－岩结构体力学模型

煤层冲刷带是煤矿常见的地质结构，一般由河流或海水冲刷、侵蚀形成，使得煤层冲刷带内煤－岩高度比及岩石性质发生变化，形成一定角度的冲刷面，煤层冲刷带内通常以砂质沉积岩为主。煤层冲刷带示意图如图 2.1 所示。

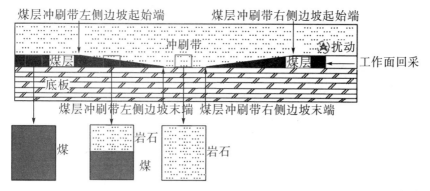

图 2.1　煤层冲刷带示意图

未受采掘活动影响时，煤层冲刷带内岩石和煤处于原岩应力状态。将煤层冲刷带内岩石和煤简化为煤－岩结构体，假设岩石和煤均处于线弹性阶段，则岩石和煤串联部分的等效弹性模量 E 有以下关系：

$$\frac{1}{E} = \frac{1}{E_Y} + \left(\frac{1}{E_M} - \frac{1}{E_Y}\right)\frac{H_M}{H} \tag{2.1}$$

式中，E_Y、E_M 分别为岩石、煤的弹性模量；H_Y、H_M 分别为岩石、煤的厚度，$H = H_Y + H_M$。

将式（2.1）进行整理后得到：

$$E = \frac{E_Y}{1 + \left(\dfrac{E_Y}{E_M} - 1\right)\dfrac{H_M}{H}} \tag{2.2}$$

从式（2.2）可以看出，当构成煤－岩结构体的煤和岩石的性质确定时，煤－岩结构体的弹性模量与煤所占体积比成反比。

当煤层冲刷带受巷道掘进、硐室开挖及工作面回采等工程扰动时，原岩应力平衡被打破，应力进行重新分布。

假设煤和岩石均处于线弹性阶段，则煤层冲刷带力学模型为煤层冲刷带边坡处煤－岩结构体内煤和岩石串联，再与煤层冲刷带外煤和煤层冲刷带内岩石并联，形成串并联组合结构。煤层冲刷带附近煤－岩结构体可视为如图 2.2 所示的力学模型。

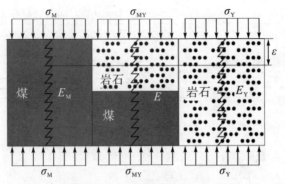

图 2.2　煤－岩结构体力学模型

假设煤、煤－岩结构体和岩石在应力重新分布后产生相同的应变 ε_0，σ_M、σ_{MY} 和 σ_Y 分别为作用在煤、煤－岩结构体和岩石上的应力。

根据弹性力学平衡原理，则有：

$$\sigma_M = E_M \varepsilon \tag{2.3}$$

$$\sigma_{MY} = E \varepsilon \tag{2.4}$$

$$\sigma_Y = E_Y \varepsilon \tag{2.5}$$

将作用在煤－岩结构体上的应力 σ_{MY} 与作用在煤上的应力 σ_M 相比可得：

$$\frac{\sigma_{MY}}{\sigma_M} = \frac{E\varepsilon}{E_M \varepsilon} = \frac{\dfrac{E_Y}{1 + \left(\dfrac{E_Y}{E_M} - 1\right)\dfrac{H_M}{H}}}{E_M} = \frac{1}{\dfrac{E_M}{E_Y} + \left(1 - \dfrac{E_M}{E_Y}\right)\dfrac{H_M}{H}}$$

即

$$\frac{\sigma_{MY}}{\sigma_M} = \frac{1}{\dfrac{E_M}{E_Y} + \left(1 - \dfrac{E_M}{E_Y}\right)\dfrac{H_M}{H}} \tag{2.6}$$

将作用在煤－岩结构体上的应力 σ_{MY} 与作用在岩石上的应力 σ_Y 相比较可得：

$$\frac{\sigma_{MY}}{\sigma_Y} = \frac{E\varepsilon}{E_Y \varepsilon} = \frac{\dfrac{E_Y}{1 + \left(\dfrac{E_Y}{E_M} - 1\right)\dfrac{H_M}{H}}}{E_Y} = \frac{1}{1 + \left(\dfrac{E_Y}{E_M} - 1\right)\dfrac{H_M}{H}}$$

即

$$\frac{\sigma_{MY}}{\sigma_Y} = \frac{1}{1 + \left(\dfrac{E_Y}{E_M} - 1\right)\dfrac{H_M}{H}} \tag{2.7}$$

由于一般情况下煤的弹性模量低于岩石的弹性模量，即 $E_M < E_Y$，则有：

$$1 - \frac{E_M}{E_Y} > 0 \tag{2.8}$$

$$\frac{E_Y}{E_M} - 1 > 0 \tag{2.9}$$

在煤－岩结构体中，$H_M < H$，即

$$0 < \frac{H_M}{H} < 1 \tag{2.10}$$

根据式（2.8）和式（2.10）能够得出：$\left(1 - \frac{E_M}{E_Y}\right)\frac{H_M}{H} < 1 - \frac{E_M}{E_Y}$，$\frac{E_M}{E_Y} +$ $\left(1 - \frac{E_M}{E_Y}\right)\frac{H_M}{H} < 1$，则 $\dfrac{1}{\dfrac{E_M}{E_Y} + \left(1 - \dfrac{E_M}{E_Y}\right)\dfrac{H_M}{H}} > 1$，根据式（2.6）能够得出 $\sigma_{MY} > \sigma_M$。

根据式（2.9）和式（2.10）能够得出：$\left(\frac{E_Y}{E_M} - 1\right)\frac{H_M}{H} > 0$，$1 +$ $\left(\frac{E_Y}{E_M} - 1\right)\frac{H_M}{H} > 1$，则 $\dfrac{1}{1 + \left(\dfrac{E_Y}{E_M} - 1\right)\dfrac{H_M}{H}} < 1$，根据式（2.7）能够得出 $\sigma_Y > \sigma_{MY}$。

综合以上分析，当煤－岩结构体力学模型产生相同应变 ε_0 时，作用在岩石上的应力大于作用在煤－岩结构体上的应力，而作用在煤－岩结构体上的应力大于作用在煤上的应力，即 $\sigma_Y > \sigma_{MY} > \sigma_M$。这说明煤层冲刷带受到工程扰动产生相同应变时，作用在煤层冲刷带内煤层厚度较薄区域的应力最大。

2.2　煤－岩结构体能量理论分析

由若干个被研究的物体构成的集合体在热力学中称为一个系统。系统周围的物体所形成的集合称为外部环境；若系统与外部环境之间只有能量交换而没有物质交换，则系统称为封闭系统。在进行单轴压缩试验或单轴循环加卸载试验时，试件与试验机之间只存在能量交换而无物质交换。根据热力学定律，可将试件与试验机构成的集合体看作一个封闭系统。岩石在受载过程中以不同的能量形式和外界进行着能量传递、转化，这些能量类型概括起来主要有机械能、弹性变形能、塑性变形能、表面能、辐射能、动能、热能等形式，其能量转化过程如图 2.3 所示。

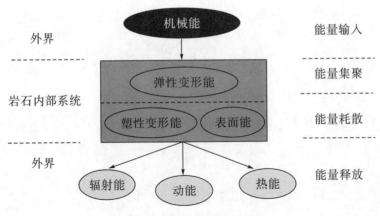

图 2.3 岩石能量转化示意图

岩石在受载过程中的能量传递、转化分为四个部分：能量输入、能量集聚、能量耗散及能量释放。能量输入是指外界对岩石产生的机械能，在试验系统中主要指试验机对岩石所做的功。能量集聚是指岩石在受载阶段的弹性变形能，外界输入的能量以弹性变形能的形式储存在岩石中，撤去外力后弹性变形恢复，弹性变形能随之向外界释放。能量耗散主要指塑性变形能和表面能，由于岩石内部有大量孔隙、裂隙和节理等非连续结构，在外力作用下，由外界输入的能量不仅使岩石产生弹性变形，而且会产生不可恢复的塑性变形，产生塑性变形能；随着岩石内部微裂隙的发育、扩展，形成新的微裂隙，损伤力学中将裂隙扩展过程中产生新裂隙所消耗的能量称为表面能。同时，在原生裂隙扩展、发育及新裂隙产生的过程中还有少量能量是以摩擦热的形式耗散的。能量释放是指岩石失稳破坏时，产生飞溅破碎岩石颗粒的动能以及岩石破坏产生的声能、辐射能和热能等。岩石破坏时所释放的能量来自前期储存在岩石内部的弹性变形能。

可见，外界机械能对岩石所做的功转化为岩石内部系统的弹性变形能、塑性变形能和表面能，而岩石系统内部积聚的弹性变形能又以动能、热能、辐射能的形式向外释放，从而形成动态的能量守恒。岩石吸收的能量主要耗散于其内部颗粒间的摩擦，节理、裂隙等的闭合、扩展和错动，以及产生新裂隙等。当可释放弹性变形能积累到一定程度后，岩石黏聚力等力学参数降低，使岩体强度劣化，最终导致岩体失稳破坏。

近年来，很多学者基于能量耗散与能量释放原理，认为岩体单元变形破坏是能量耗散与能量释放的综合结果。能量耗散使煤-岩结构体产生不可逆损伤，并导致煤岩性能劣化和强度丧失；而能量释放则是引发煤-岩结构体突然破坏的内在原因。在不同围压作用下，煤－岩结构体的变形可以分为两个部分：一是应力导致煤体的变形，占主要地位；二是岩石的变形，由于岩石比煤体的强度通常要大得多，所以这一部分变形一般很小。假设不同围压作用只会引起主应变大小的变化，并不会引起主应变方向的变化，故主应变可表示为：

$$\varepsilon_i^{e(M+Y)} = \frac{1}{E_{i(M)}}\left[\sigma_i - \nu_{(M)}(\sigma_j + \sigma_k)\right] + \frac{1}{E_{i(Y)}}\left[\sigma_i - \nu_{(Y)}(\sigma_j + \sigma_k)\right]$$

(2.11)

式中，$\varepsilon_i^{e(M+Y)}$ 为煤－岩结构体三个主方向相应的弹性应变；$E_{i(M)}$、$E_{i(Y)}$ 分别为煤样和岩样弹性模量；σ_i 为煤－岩结构体三个方向的主应力；$\nu_{(M)}$、$\nu_{(Y)}$ 分别为煤岩和岩样的泊松比。

因此，不同围压作用下煤－岩结构体的能量满足以下关系：

$$U^d + U^p = U - U^e \tag{2.12}$$

式中，U^p 为煤－岩结构体的塑性功；U^d 为煤－岩结构体的损伤功，为主应力在主应变方向上做的总功；U^e 为煤－岩结构体内储存的可释放弹性能。由弹性力学理论有：

$$U = \int_0^{\varepsilon_1} \sigma_1 \mathrm{d}\varepsilon_1 + \int_0^{\varepsilon_2} \sigma_2 \mathrm{d}\varepsilon_2 + \int_0^{\varepsilon_3} \sigma_3 \mathrm{d}\varepsilon_3 \tag{2.13}$$

$$U^e = \frac{1}{2}\sigma_1(\varepsilon_{1(M)}^e + \varepsilon_{1(Y)}^e) + \frac{1}{2}\sigma_2(\varepsilon_{2(M)}^e + \varepsilon_{2(Y)}^e) + \frac{1}{2}\sigma_3(\varepsilon_{3(M)}^e + \varepsilon_{3(Y)}^e)$$

(2.14)

假设塑性功和损伤功都是不可逆的，属于耗散能量，定义煤－岩结构体各单元的能量损伤量为：

$$D = \frac{U^p + U^d}{U^c} \tag{2.15}$$

式中，D 为损伤变量；U^c 为煤－岩结构体失稳破坏时的临界能量耗散值，可通过煤－岩结构体单轴压缩试验来确定。为了简便，假设 $D=1$ 时材料强度丧失，即：

$$D = \frac{U^p + U^d}{U^c} = 1 \tag{2.16}$$

联立式（2.12）～式（2.16），化简后得：

$$U^c = \int_0^{\varepsilon_{i(M)} + \varepsilon_{i(Y)}} \sigma_i \mathrm{d}\varepsilon_i - \left[\frac{1}{2}\sigma_i(\varepsilon_{i(M)} + \varepsilon_{i(Y)})\right] \tag{2.17}$$

假设载荷引起各个方向的损伤都相同，则煤－岩结构体可释放弹性变形能：

$$U^e = \frac{1}{2E_{0(M)}(1-D_{(M)})}\left[\sigma_1^2 + \sigma_2^2 + \sigma_3^2 - 2\nu_{(M)}(\sigma_1\sigma_2 + \sigma_2\sigma_3 + \sigma_3\sigma_1)\right] +$$

$$\frac{1}{2E_{0(Y)}(1-D_{(Y)})}\left[\sigma_1^2 + \sigma_2^2 + \sigma_3^2 - 2\nu_{(Y)}(\sigma_1\sigma_2 + \sigma_2\sigma_3 + \sigma_3\sigma_1)\right] \quad (2.18)$$

煤矿井下的岩体未受采掘活动影响时处于三向应力平衡状态，并集聚了大量的能量。当受采掘活动影响时，岩体的平衡状态被破坏，应力重新调整，由三向受力状态转变为二向受力状态，并最终转变为单向受力状态，而岩石在破坏过程中需要消耗的能量为单向应力状态时的破坏能量。

单轴压缩试验时，主方向的临界破坏应力为 σ_{ci}，则有：

$$U^e = \frac{\sigma_{ci}^2}{2E_{0(M)}(1-D_{(M)})} + \frac{\sigma_{ci}^2}{2E_{0(Y)}(1-D_{(Y)})} \quad (2.19)$$

岩石在不同的应力状态时具有不同的极限储存能 U^j。如果煤-岩结构体的总释放弹性能 U^e 大于该应力状态下的极限储存能，多余的能量将会被释放，释放出的能量将造成结构体的塑性变形或破裂。定义 U^s 为煤-岩结构体变形破坏后的剩余能量：

$$U^s = U^e - U^j \quad (2.20)$$

(1) 当 $U^s > 0$ 时，煤体呈现冲击式动态失稳，表现为煤壁外鼓、片帮，甚至伴随破碎煤岩块向外抛出等现象，此时有：

$$U_s = \frac{1}{2}\sum \Delta m_i v_i^2 \quad (2.21)$$

式中，Δm_i 为向外抛出的破碎煤岩块的质量；v_i 为抛出煤岩块的初速度。

当煤体进入峰后软化阶段时，在顶板岩层冲击载荷作用下，一部分煤体单元产生损伤，出现裂纹，强度降低；大部分煤体单元则储存了大量的可释放弹性变形能 U^e，当该部分能量超过极限储存能 U^j 时，剩余能量将会使煤体瞬间整体破坏，形成碎块式的爆裂动态破坏。

(2) 当 $U^s = 0$ 时，没有剩余能量用于煤-岩结构体的冲击破坏，此时释放的弹性变形能主要以表面能的形式用于产生新断裂面。当载荷接近其极限强度时，损伤后的剩余能量达到极限储存能而使结构体发生整体破坏，主要表现为静态的缓慢破坏，此时没有破碎煤岩块向外抛出的现象。

(3) 当 $U^s < 0$ 时，煤-岩结构体的可释放弹性变形能小于其极限储存能，不会发生冲击破坏失稳现象。

2.2.1 数值分析

煤-岩结构体发生破坏的主要根源是系统内集聚的能量向外突然释放。煤层冲刷带内不同煤、岩厚度以及不同岩石性质对能量储存及释放的能力是有差异的。当煤层冲刷带内煤－岩结构体的能量超过该应力状态下的极限储存能时，多余的能量将会被释放，释放的能量必将造成煤层冲刷带内煤－岩结构体失稳破坏。所以，煤层冲刷带内能量集聚情况与煤－岩结构体的稳定性密切相关。

数值模拟模型尺寸为 200m（长）×100m（宽）×100m（高），模拟埋深 688m，模型采用莫尔－库仑模型进行计算。各岩层的力学参数见表 2.1。

表 2.1　各岩层的力学参数

岩性	密度（kg/m³）	弹性模量（GPa）	泊松比	内摩擦角（°）	内聚力（MPa）	抗拉强度（MPa）
中砂岩	2450	59.5	0.20	36	5.82	5.13
细砂岩	2660	27.10	0.18	38	7.41	7.52
煤	1680	3.52	0.19	28	3.77	2.05
粉砂岩	2720	31.33	0.15	40	11.83	9.89
泥岩	2130	16.73	0.24	37	3.95	1.91

为进一步研究煤层冲刷带内的能量集聚情况，利用 FLAC³ᴰ 数值模拟软件对煤层冲刷带内不同的煤－岩高度比、边坡倾角、煤－岩强度比及围压强度进行模拟，研究不同影响因素下煤层冲刷带内能量集聚情况，试验方案见表 2.2。不同煤－岩高度比和不同边坡倾角模拟示意图如图 2.4、图 2.5 所示。不同边坡倾角选择方式为：当煤层厚度由 5m 减至 2m，边坡水平长度为 50m、40m、30m、20m 及 10m 时，煤层冲刷带边坡倾角分别为 3.43°、4.29°、5.72°、8.53° 和 16.70°。不同煤－岩高度比选择方式为：当冲刷带边坡倾角为 16.70°，煤层厚度由 5m 分别减至 4m、3m、2m、1m 及全岩时，煤－岩高度比分别为 4∶1、3∶2、2∶3、1∶4 及全岩。

表 2.2　冲刷带数值模拟试验方案

试验方案	煤－岩高度比	边坡倾角	煤－岩强度比	围压强度
1	4∶1、3∶2、2∶3、1∶4、全岩	16.70°	0.49	1.5MPa

试验方案	煤-岩高度比	边坡倾角	煤-岩强度比	围压强度
2	3：2	3.43°、4.29°、5.72°、8.53°、16.70°	0.49	1.5MPa
3	3：2	16.70°	0.67、0.49、0.38、0.31、0.23	1.5MPa
4	3：2	16.70°	0.49	1.5MPa、3.0MPa、4.5MPa、6.0MPa、7.5MPa

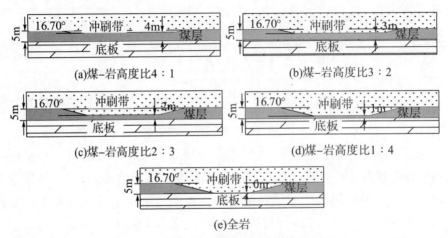

(a)煤-岩高度比4：1   (b)煤-岩高度比3：2

(c)煤-岩高度比2：3   (d)煤-岩高度比1：4

(e)全岩

图 2.4　不同煤-岩高度比煤层冲刷带示意图

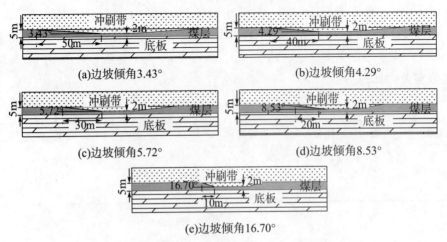

(a)边坡倾角3.43°   (b)边坡倾角4.29°

(c)边坡倾角5.72°   (d)边坡倾角8.53°

(e)边坡倾角16.70°

图 2.5　不同边坡倾角的煤层冲刷带示意图

图 2.6 为不同试验方案的能量分布曲线。由图可知，煤层冲刷带边坡倾角和围压强度越大，煤层冲刷带内集聚的能量越大，且集聚能量在煤层冲刷带边坡起始端和末端的变化幅度也越大。煤－岩高度比和煤－岩强度比越小，煤层冲刷带内集聚的能量越大，且集聚能量在煤层冲刷带边坡起始端和末端的变化幅度也越大。

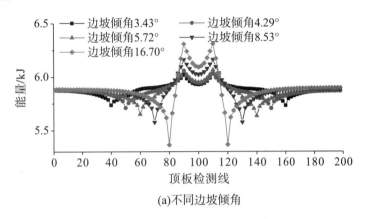

(a)不同边坡倾角

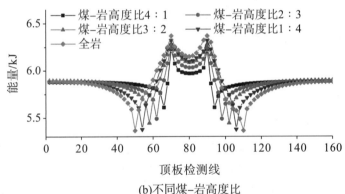

(b)不同煤－岩高度比

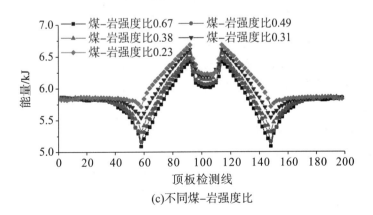

(c)不同煤－岩强度比

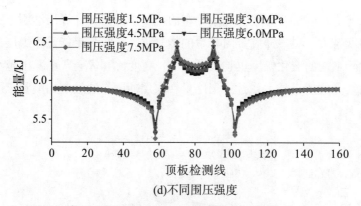

(d)不同围压强度

图 2.6 顶板监测线的能量分布曲线

2.2.2 影响因素敏感性分析

由前述分析可知,影响煤层冲刷带内能量集聚的因素较多,如煤-岩高度比、煤-岩强度比、边坡倾角、围压强度等,哪些因素对煤层冲刷带稳定性的影响最大,哪些次之,则需要进一步讨论。本书借助系统分析中无量纲敏感因子对各影响因素进行排序,以区分主要参数和次要参数。

敏感因子的表达式为:

$$S(a_k^*) = \left| \frac{\mathrm{d}W_k(a_k)}{\mathrm{d}a_k} \right| \frac{a_k^*}{W_k^*} \quad (k=1, 2, \cdots, n) \qquad (2.22)$$

式中,$S(a_k^*)$ 为参数 a_k 取基准值 a_k^* 时的敏感因子;W_k 为参数 a_k 的指标函数;W_k^* 为参数 a_k 取基准值 a_k^* 时的指标值。

$S(a_k^*)$ 越大,指标 W_k 对参数 a_k 越敏感,依赖程度越大。通过对敏感因子的比较,可以对各指标因素的敏感性进行对比评价。

本书选用的指标为煤层冲刷带内平均集聚能量,讨论的影响参数为边坡倾角、围压强度、煤-岩高度比及煤-岩强度比。各参数基准值见表2.2。

对煤层冲刷带的能量进行计算,得出平均集聚能量与边坡倾角、煤-岩高度比、煤-岩强度比及围压强度的变化关系,如图2.7所示。由图可知,煤层冲刷带内平均集聚能量与边坡倾角和围压强度成正比,与煤-岩高度比和煤-岩强度比成反比。

对各参数随指标变化的关系进行函数拟合,得出冲刷带内平均集聚能量与边坡倾角、煤-岩高度比、煤-岩强度比及围压强度的拟合函数如下:

$$y=0.017x+5.91 \quad (R^2=0.96) \qquad (2.23)$$

$$y=-0.032x+6.17 \quad (R^2=0.85) \qquad (2.24)$$

$$y=-0.54x+6.48 \quad (R^2=0.94) \qquad (2.25)$$

$$y=0.02x+6.13 \quad (R^2=0.99) \qquad (2.26)$$

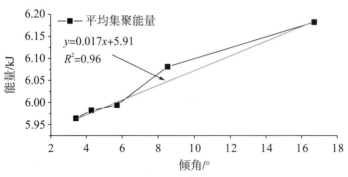

(a)平均集聚能量与边坡倾角的关系

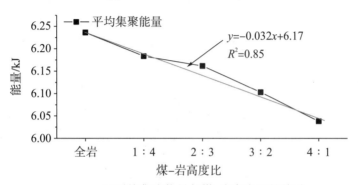

(b)平均集聚能量与煤-岩高度比的关系

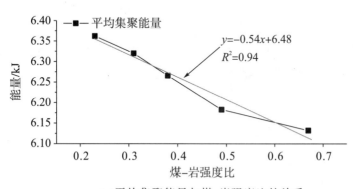

(c)平均集聚能量与煤-岩强度比的关系

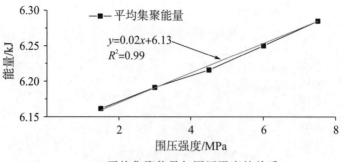

(d)平均集聚能量与围压强度的关系

图 2.7　能量随参数的变化曲线

根据式（2.22）～式（2.26），煤层冲刷带边坡倾角、煤-岩高度比、煤-岩强度比及围压强度的敏感因子见表 2.3。由表可知，煤-岩强度比的敏感因子最大，说明平均集聚能量对煤-岩强度比更敏感。其次为边坡倾角、煤-岩高度比及围压强度。由以上分析可知，在室内对煤-岩结构体集聚能量进行研究时，着重研究的顺序应为煤-岩强度比、边坡倾角、煤-岩高度比、围压强度。

表 2.3　各影响参数的敏感因子

影响参数	边坡倾角	煤-岩高度比	煤-岩强度比	围压强度
敏感因子	0.042	0.0098	0.045	0.005

由于煤层冲刷带边坡倾角较小，可将边坡角度视为近似水平，进而将对边坡倾角的研究转化为对煤-岩高度比的研究。同时，由于不同角度的煤、岩试件切割难度较大，所以本书主要研究不同岩性、不同煤-岩高度比及不同围压强度下的煤-岩结构体力学特性及能量演化规律。

第 3 章　煤－岩结构体单轴压缩试验及变形破坏特征

大量的现场观测和地应力测量发现，煤层冲刷带区域内应力显现异常使该区域经常发生各种事故。例如，新安煤田发生的 14 次动力灾害事故中，有 9 次发生在煤层冲刷带内煤厚变异区。潞安集团李村煤矿 1301 辅助回风顺槽在煤层冲刷带内围岩应力较大，巷道变形严重。平朔井工三矿东翼大巷在煤层冲刷带内围岩节理发育，顶板较为破碎，无法使用普通锚杆进行支护，严重影响了矿井安全生产和施工进度。这主要是因为此类巷道除受煤层冲刷带引起的应力作用外，还受工作面回采过程中超前支承压力的影响，使得冲刷带内巷道围岩变形较大，难以维护。

为进一步研究分析煤层冲刷带煤－岩结构体的受力及能量分布情况，将煤层冲刷带内煤层厚度的变化视为煤－岩高度比的变化，将煤层冲刷带岩性的不同视为煤－岩结构体岩性的不同，将煤层冲刷带简化为煤－岩结构体。因此，本章对不同煤－岩高度比的煤－粗砂岩结构体、煤－细砂岩结构体和煤－泥岩结构体进行单轴压缩试验，分析煤－岩结构体的力学特性、破坏特征及能量演化规律，为研究煤层冲刷带内应力分布及能量演化提供依据。

3.1　煤、岩单体单轴压缩试验

因为岩石内部含有大量的裂隙、孔隙等原生损伤，所以在进行循环加卸载试验前应进行煤、岩单体单轴压缩试验，确定煤、岩的相应力学参数，为分析循环加卸载作用下煤－岩结构体的力学特性、破坏特征及能量演化规律提供依据。

3.1.1　试件采集与加工

　　试验中所用煤及岩石试样均取自黑龙江龙煤集团新安煤矿。因为试件在选择制备过程中具有较大的离散性，所以选取完整且没有较大裂隙的大块煤和岩石，并用保鲜膜密封包装，运送至实验室进行加工。为减少试验过程中的试件差异性，同一组试验的试件尽可能取自同一块岩石。在取芯过程中，为减少取芯机对试件的破坏，取芯速度不易过快。将获得的煤和岩石用取芯机制成直径为 50mm 的圆柱，再用切割机切割成符合试验要求高度的圆柱，最后用磨平机将圆柱试件的上下两个端面打磨平整，使两个端面的不平行度小于0.01mm，加工后的试件表面精度满足《煤和岩石物理力学性质测定方法》的规定。试件的加工及所用设备分别如图 3.1、图 3.2 所示。为便于试验过程的记录，分别将煤、粗砂岩、细砂岩和泥岩分别编号为 M、C、X 和 N。

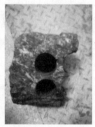

图 3.1　取芯加工

(a)取芯机　　　　　(b)切割机　　　　　(c)磨平机

图 3.2　试件加工设备

3.1.2　试验设备

　　试验系统主要包括煤岩 CT 分析系统、电液伺服压力控制系统、AE 系统及 DVC 系统，如图 3.3 所示。

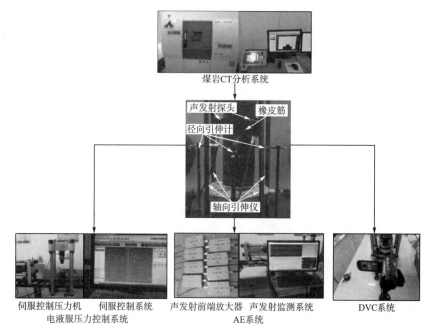

图 3.3　试验控制系统

煤岩 CT 分析系统主要由双能 X 射线源、高分辨率非晶硅面列阵探测器、计算机 3D 扫描构建图像处理系统、高精度精密扫描平台、控制系统、射线防护系统等组成，通过高投影放大比例实现对被扫描样品的高分辨 DR 成像，利用三维快速重建以及可视化软件实现对煤等沉积岩样品的微观孔隙结构的三维观察、参数统计等。

电液伺服压力控制系统为 TTAW-2000kN 微机控制电液伺服岩石力学试验系统，具有以下特点：①试验过程采用计算机控制、数据自动采集和处理；②试验机支架采用实心钢架，能储存很小的弹性变形能而实现刚性压力试验；③伺服阀反应敏捷，试验精度高；④引伸仪能够对试验过程中的轴向应变和径向应变进行精确测量，有效记录实验过程中试件的变形量；⑤可以选择任意加载波形及加载速率进行试验。

AE 系统采用 SH-Ⅱ声发射系统，声发射监测系统为 16 通道，前置放大器门槛值为 40dB，谐振频率为 150～750kHz，传感器采用 Nano30。为了保证声发射传感器和试件的耦合效果，在声发射探头端部涂抹凡士林，并用橡皮筋将其固定。在试验过程中，采用 AE 系统监测循环加卸载过程中的声发射振铃数和能量。

DVC 系统采用索尼 FDR-AX45 数码摄像机对试验过程中试件的变化进

行实时监测并记录，便于后期分析。

试验时，加卸载系统、AE 系统和 DVC 系统同步进行，保证时间参数相同。

3.1.3 试验方法

依据《煤和岩石物理力学性质测定方法》第 7 部分单轴抗压强度测定，对试件进行单轴压缩试验，以 0.005mm/s 的速度加载，直至试件失稳破坏。试验过程全部采用高清摄像机进行记录。

3.1.4 试验结果分析

图 3.4 及表 3.1 为煤、粗砂岩、细砂岩、泥岩的单轴压缩试验结果。由表可知，煤的平均峰值强度为 13.45MPa，平均弹性模量为 1.99GPa；粗砂岩的平均峰值强度为 81.58MPa，平均弹性模量为 8.27GPa；细砂岩的平均峰值强度为 65.89MPa，平均弹性模量为 6.79GPa；泥岩的平均峰值强度为 51.69MPa，平均弹性模量为 5.40GPa。由图可知，平均峰值强度和平均弹性模量由大至小为：粗砂岩>细砂岩>泥岩>煤；平均峰值应变由大至小为：煤>泥岩>细砂岩>粗砂岩。

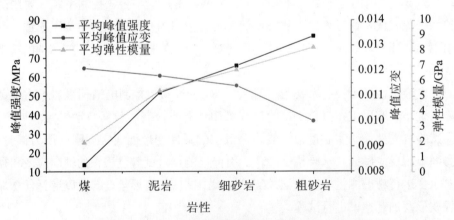

图 3.4 煤、粗砂岩、细砂岩和泥岩的单轴压缩试验结果

表 3.1 煤、粗砂岩、细砂岩和泥岩的单轴压缩试验结果

试件名称	试件尺寸（mm）	峰值强度（MPa）	峰值应变	弹性模量（GPa）
M—1	$\varphi=50\times99.41$	15.77	0.0122	2.26
M—2	$\varphi=50\times98.72$	11.61	0.0119	1.74

续表

试件名称	试件尺寸（mm）	峰值强度（MPa）	峰值应变	弹性模量（GPa）
M－3	$\varphi=50\times99.45$	12.98	0.0122	1.98
M 平均值	$\varphi=50\times99.19$	13.45	0.0121	1.99
C－1	$\varphi=50\times100.55$	85.87	0.0097	8.70
C－2	$\varphi=50\times100.79$	77.78	0.0102	7.70
C－3	$\varphi=50\times99.33$	81.09	0.0101	8.41
C 平均值	$\varphi=50\times100.67$	81.58	0.0100	8.27
X－1	$\varphi=50\times99.88$	69.54	0.0104	7.11
X－2	$\varphi=50\times101.24$	63.24	0.0114	6.72
X－3	$\varphi=50\times99.63$	64.89	0.0125	6.55
X 平均值	$\varphi=50\times100.25$	65.89	0.0114	6.79
N－1	$\varphi=50\times101.68$	49.74	0.0114	5.73
N－2	$\varphi=50\times99.83$	53.13	0.0119	5.38
N－3	$\varphi=50\times99.41$	52.18	0.0122	5.09
N 平均值	$\varphi=50\times100.31$	51.69	0.0118	5.40

注：M、C、X 及 N 分别代表煤、粗砂岩、细砂岩及泥岩的标准试件。

煤、粗砂岩、细砂岩及泥岩的峰值强度数理统计结果见表 3.2，其离散系数分别为 12.87%、4.07%、4.05% 及 2.76%，表明强度离散性较小。

表 3.2　煤、粗砂岩、细砂岩及泥岩峰值强度数理统计结果

试件名称	峰值强度（MPa）	极差	标准差	离散系数（%）
M 平均值	13.45	4.16	1.73	12.87
C 平均值	81.58	8.09	3.32	4.07
X 平均值	65.89	6.30	2.67	4.05
N 平均值	51.69	3.39	1.43	2.76

为了更好地研究煤－岩结构体的力学特性，分别将粗砂岩、细砂岩、泥岩的峰值强度、峰值应变和弹性模量与煤进行对比，得出粗砂岩和煤的峰值强度比值为 6.07，细砂岩和煤的峰值强度比值为 4.90，泥岩和煤的峰值强度比值为 3.84；粗砂岩和煤的峰值应变比值为 0.83，细砂岩和煤的峰值应变比值为 0.94，泥岩和煤的峰值应变比值为 0.98；粗砂岩和煤的弹性模量比值为 4.16，细砂岩和煤的弹性模量比值为 3.41，泥岩和煤的弹性模量的比值为 2.71。峰

值强度比值和弹性模量比值均是粗砂岩和煤的比值最大，细砂岩和煤的比值次之，泥岩和煤的比值最小。但泥岩和煤的峰值应变比值最大，细砂岩和煤的峰值应变比值次之，粗砂岩和煤的峰值应变比值最小。这说明，粗砂岩表现为高强度、小变形的特点；细砂岩表现出高强度、大变形的特点；泥岩表现为低强度、大变形的特点。

　　为了研究煤、粗砂岩、细砂岩及泥岩的能量储存情况，根据煤、粗砂岩、细砂岩及泥岩单轴压缩试验结果，选取具有代表性的应力－应变曲线进行分析，如图 3.5 所示。

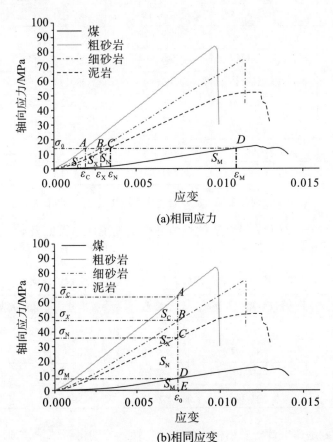

S_M—煤试件的弹性变形能；S_C—粗砂岩试件的弹性变形能；S_X—细砂岩试件的弹性变形能；

S_N—泥岩试件的弹性变形能；ε_M—煤试件的应变；ε_N—泥岩试件的应变；

ε_X—细砂岩试件的应变；ε_C—粗砂岩试件的应变；σ_M—煤试件的应力；

σ_N—泥岩试件的应力；σ_X—细砂岩试件的应力；σ_C—粗砂岩试件的应力

图 3.5　煤和岩石试件应力－应变曲线

由图 3.5（a）可知，当相同应力 σ_0 分别作用在煤、粗砂岩、细砂岩及泥岩试件上时，产生的应变由大至小为 $\varepsilon_M > \varepsilon_N > \varepsilon_X > \varepsilon_C$，即相同应力作用下，煤试件产生的应变最大，泥岩试件次之，粗砂岩试件产生的应变最小；同时，由相同应力作用而储存在试件中的弹性变形能由大至小为 $S_M > S_N > S_X > S_C$，即相同应力作用下，煤试件储存的弹性变形能最大，泥岩试件次之，粗砂岩试件储存的弹性变形能最小。

由图 3.5（b）可知，当煤、粗砂岩、细砂岩及泥岩试件上产生相同的应变 ε_0 时，作用在试件上的应力由大至小为 $\sigma_C > \sigma_X > \sigma_N > \sigma_M$，即试件产生相同应变时，作用在粗砂岩试件上的应力最大，细砂岩试件次之，煤试件上的应力最小；同时，产生相同应变时储存在试件中的弹性变形能由大至小为 $S_C > S_X > S_N > S_M$，即产生相同应变时，粗砂岩试件储存的弹性变形能最大，细砂岩试件次之，煤试件储存的弹性变形能最小。

综合以上分析，当试件的体积相同时，相同应力作用在煤、粗砂岩、细砂岩及泥岩试件上，煤试件储存的弹性变形能较多；当煤、粗砂岩、细砂岩及泥岩试件产生相同应变时，粗砂岩试件储存的弹性变形能较多。

3.2　煤－岩结构体单轴压缩试验

3.2.1　煤－岩结构体单轴压缩试验

为了进一步研究不同岩性和不同高度比的煤－岩结构体的力学特性，分别将直径为 50mm，高度为 75mm、66mm、50mm、33mm、25mm 的粗砂岩、细砂岩、泥岩与直径为 50mm，高度为 25mm、33mm、50mm、66mm、75mm 的煤用 AB 胶黏结在一起，构建成煤－岩高度比分别为 1∶3、1∶2、1∶1、2∶1、3∶1 的煤－岩结构体，并按照高度比从 1∶3 到 3∶1，将煤－粗砂岩结构体分别标记为 MC1、MC2、MC3、MC4 和 MC5，煤－细砂岩结构体分别标记为 MX1、MX2、MX3、MX4 和 MX5，将煤－泥岩结构体标记为 MN1、MN2、MN3、MN4 和 MN5，部分试件如图 3.6 所示。

图 3.6　不同煤－岩高度比的煤－岩结构体试件

煤－岩结构体单轴压缩试验采用的试验系统与煤、岩单体单轴压缩试验的相同，采取位移加载，加载速率设定为 0.005mm/s，直至试件破坏，试验全过程采用高清摄像机记录。不同煤－岩高度比的煤－岩结构体单轴压缩试验结果见表 3.3～表 3.5。

表 3.3　不同煤－岩高度比的煤－粗砂岩结构体单轴压缩试验结果

试件名称	煤－岩高度比	峰值强度（MPa）	弹性模量（GPa）
MC1－1		53.39	7.59
MC1－2	1∶3	56.53	8.08
MC1－3		58.86	8.19
MC1 平均值		56.26	7.95
MC2－1		39.78	4.57
MC2－2	1∶2	43.49	4.81
MC2－3		43.14	5.02
MC2 平均值		42.14	4.80
MC3－1		26.98	3.09
MC3－2	1∶1	29.84	3.51
MC3－3		30.45	3.41
MC3 平均值		29.09	3.33
MC4－1		21.32	2.67
MC4－2	2∶1	24.39	3.00
MC4－3		25.85	2.84
MC4 平均值		23.85	2.84

续表

试件名称	煤－岩高度比	峰值强度（MPa）	弹性模量（GPa）
MC5－1	3∶1	16.11	2.42
MC5－2		14.95	2.76
MC5－3		16.28	2.71
MC5 平均值		15.78	2.63

注：MC1、MC2、MC3、MC4、MC5 分别代表煤－岩高度比为 1∶3、1∶2、1∶1、2∶1、3∶1 的煤－粗砂岩结构体。

表 3.4　不同煤－岩高度比的煤－细砂岩结构体单轴压缩试验结果

试件名称	煤－岩高度比	峰值强度（MPa）	弹性模量（GPa）
MX1－1	1∶3	48.52	6.39
MX1－2		51.47	6.99
MX1－3		50.84	7.08
MX1 平均值		50.28	6.82
MX2－1	1∶2	37.47	5.03
MX2－2		36.46	4.31
MX2－3		33.52	4.56
MX2 平均值		35.82	4.63
MX3－1	1∶1	24.58	3.51
MX3－2		27.28	4.04
MX3－3		24.34	3.44
MX3 平均值		25.40	3.66
MX4－1	2∶1	19.17	2.91
MX4－2		18.89	2.29
MX4－3		17.53	2.49
MX4 平均值		18.53	2.56
MX5－1	3∶1	13.15	2.30
MX5－2		11.16	1.83
MX5－3		15.12	2.40
MX5 平均值		13.14	2.18

注：MX1、MX2、MX3、MX4、MX5 分别代表煤－岩高度比为 1∶3、1∶2、1∶1、2∶1、3∶1 的煤－细砂岩结构体。

表3.5 不同煤-岩高度比的煤-泥岩结构体单轴压缩试验结果

试件名称	煤-岩高度比	峰值强度（MPa）	弹性模量（GPa）
MN1－1		44.98	5.51
MN1－2	1∶3	42.36	5.28
MN1－3		45.17	5.73
MN1 平均值		44.17	5.51
MN2－1		32.52	4.22
MN2－2	1∶2	35.79	3.76
MN2－3		29.65	3.53
MN2 平均值		32.65	3.84
MN3－1		21.54	3.14
MN3－2	1∶1	23.26	2.90
MN3－3		20.61	2.76
MN3 平均值		21.80	2.93
MN4－1		19.02	2.57
MN4－2	2∶1	17.73	2.11
MN4－3		16.20	1.89
MN4 平均值		17.65	2.19
MN5－1		10.78	1.48
MN5－2	3∶1	9.88	1.28
MN5－3		13.78	1.53
MN5 平均值		11.48	1.43

注：MN1、MN2、MN3、MN4、MN5 分别代表煤-岩高度比为1∶3、1∶2、1∶1、2∶1、3∶1 的煤-泥岩结构体。

不同煤-岩高度比的煤-岩结构体峰值强度数理统计结果见表3.6～表3.8。由表可知，煤-岩结构体离散系数均较小，表明煤-岩结构体峰值强度离散性较小。

表 3.6 煤－粗砂岩结构体峰值强度数理统计结果

试件名称	煤－岩高度比	峰值强度（MPa）	极差	标准差	离散系数
MC1 平均值	1：3	56.26	5.47	2.24	3.98
MC2 平均值	1：2	42.14	3.71	1.67	3.97
MC3 平均值	1：1	29.09	3.47	1.51	5.20
MC4 平均值	2：1	23.85	4.53	1.89	7.92
MC5 平均值	3：1	15.78	1.33	0.59	3.75

表 3.7 煤－细矿岩结构体峰值强度数理统计结果

试件名称	煤－岩高度比	峰值强度（MPa）	极差	标准差	离散系数
MX1 平均值	1：3	50.28	2.95	1.27	2.52
MX2 平均值	1：2	35.82	3.95	1.68	4.68
MX3 平均值	1：1	25.4	2.94	1.33	5.25
MX4 平均值	2：1	18.53	1.64	0.72	3.87
MX5 平均值	3：1	13.14	3.96	1.62	12.30

表 3.8 煤－泥岩结构体峰值强度数理统计结果

试件名称	煤－岩高度比	峰值强度（MPa）	极差	标准差	离散系数
MN1 平均值	1：3	44.17	2.81	1.28	2.90
MN2 平均值	1：2	32.65	6.14	2.51	7.68
MN3 平均值	1：1	21.8	2.65	1.10	5.04
MN4 平均值	2：1	17.65	2.82	1.15	6.53
MN5 平均值	3：1	11.48	3.9	1.67	14.52

3.2.2 煤－岩结构体强度特征分析

3.2.2.1 不同煤－岩高度比对煤－岩结构体强度特征的影响

图 3.7 为 MC、MX 及 MN 平均峰值强度和平均弹性模量随煤－岩高度比的变化曲线。

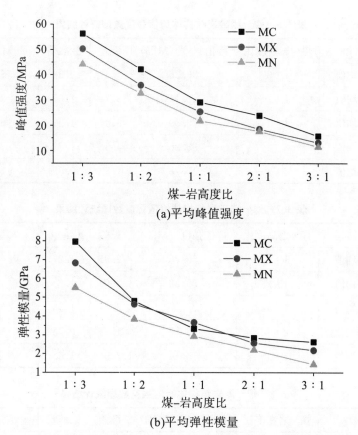

(a)平均峰值强度

(b)平均弹性模量

图 3.7 煤-岩结构体平均峰值强度与平均弹性模量随煤-岩高度比的变化曲线

由图可知,煤-岩结构体的平均峰值强度和平均弹性模量随煤-岩高度比的增大均呈逐渐降低的趋势。这是因为煤-岩高度比越小,岩石发生轴向压缩变形所消耗的能量越多,即冲刷带内岩石越高,其发生轴向压缩变形时需要越大的轴向压力,进而提高了平均峰值强度。

随着煤-岩高度比从 1∶3 增大到 3∶1,MC 的平均峰值强度降低了 71.95%,平均弹性模量降低了 66.92%;MX 的平均峰值强度降低了 73.86%,平均弹性模量降低了 68.10%;MN 的平均峰值强度降低了 74.01%,平均弹性模量降低了 74.02%。由于构成 MC 的粗砂岩强度最大,构成 MX 的细砂岩强度次之,构成 MN 的泥岩强度最小,即随着构成煤-岩结构体的岩石强度降低,由煤-岩高度比增加引起的平均峰值强度和平均弹性模量的降低率逐渐增大。这主要是由煤-岩高度比和岩石强度差异共同造成的,煤-岩高度比增大,煤-岩结构体的峰值强度降低,而构成煤-岩结构体的岩石强度越低,其峰值强度进一步降低。因此,随着煤-岩高度比增大,由强度较低的岩石构成的煤－岩结构体的平均峰值强度降低率较大。

3.2.2.2　不同岩性对煤－岩结构体强度特征的影响

　　根据不同煤－岩高度比的煤－岩结构体的试验结果，对相同煤－岩高度比、不同岩性的煤－岩结构体进行比较分析，如图 3.8 所示。由图可知，当煤－岩高度比相同时，平均峰值强度由大至小为 MC>MX>MN，说明岩石强度越大，由其构成的煤－岩结构体的平均峰值强度就越大。这是因为岩石强度越大，其发生轴向压缩变形消耗的能量越多，即煤层冲刷带内岩石强度越大，其发生轴向压缩变形时需要越大的轴向压应力，使煤－岩结构体的平均峰值强度提高。

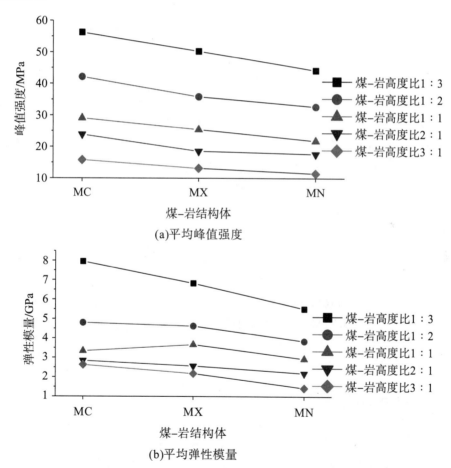

(a)平均峰值强度

(b)平均弹性模量

图 3.8　不同岩性煤－岩结构体平均峰值强度和平均弹性模量的变化曲线

　　当煤－岩高度比分别为 1∶3、1∶2、1∶1、2∶1 及 3∶1 时，MN 峰值强度与 MC 相比分别降低了 21.49%、22.51%、25.04%、26.03% 及 27.27%。

随着煤-岩高度比增大，MN 峰值强度与 MC 相比，其降低率逐渐增加。这主要是由煤-岩高度比和岩石强度差异共同造成的，煤-岩高度比越大，岩石强度越小，由岩石差异引起的煤-岩结构体峰值强度降低率就越大。

根据煤、粗砂岩、细砂岩及泥岩单轴压缩试验结果，计算 MC、MX 及 MN 的煤-岩强度比，分别为 0.1649、0.2041 及 0.2602。对平均峰值强度和平均弹性模量与煤-岩强度比的函数关系进行拟合，当煤-岩高度比为 1 : 3、1 : 2、1 : 1、2 : 1 及 3 : 1 时，平均峰值强度与煤-岩强度比的拟合方程分别为：

$$y = -125.65x + 76.59 \ (R^2 = 0.98) \tag{3.1}$$

$$y = -96.54x + 57.11 \ (R^2 = 0.83) \tag{3.2}$$

$$y = -75.56x + 41.28 \ (R^2 = 0.97) \tag{3.3}$$

$$y = -61.74x + 32.96 \ (R^2 = 0.75) \tag{3.4}$$

$$y = -44.09x + 22.72 \ (R^2 = 0.89) \tag{3.5}$$

煤-岩高度比越大，拟合函数斜率的绝对值越小。说明煤-岩高度比越大，煤-岩强度比变化对结构体峰值强度的敏感性越小。

当煤-岩高度比为 1 : 3、1 : 2、1 : 1、2 : 1 及 3 : 1 时，煤-岩结构体平均弹性模量与煤-岩强度比的拟合方程分别为：

$$y = -25.48x + 12.10 \ (R^2 = 0.99) \tag{3.6}$$

$$y = -10.35x + 6.59 \ (R^2 = 0.87) \tag{3.7}$$

$$y = -4.83x + 4.32 \ (R^2 = 0.72) \tag{3.8}$$

$$y = -6.76x + 3.95 \ (R^2 = 0.99) \tag{3.9}$$

$$y = -12.63x + 4.73 \ (R^2 = 0.99) \tag{3.10}$$

对比不同拟合函数斜率的绝对值，其随煤-岩高度比增大呈现先减小后增大的变化趋势。这说明当煤-岩高度比为 1 : 1 时，煤-岩结构体平均弹性模量随煤-岩强度比变化的敏感性最小。

3.3　裂纹演化及破坏特征

3.3.1　裂纹演化特征

选取部分煤-岩结构体裂纹演化及破坏过程中的应力、声发射能量及裂纹发育扩展情况进行分析，如图 3.9 所示。由图可知，不同煤-岩结构体的单轴压缩应力－应变曲线均可划分为四个阶段：压密阶段（初始点至 *a* 点）、弹性阶段（*a* 点至 *b* 点）、塑性阶段（*b* 点至 *c* 点）及峰后破坏阶段（*c* 点至终止点）。其中 *b* 点为起裂应力点，表征煤－岩结构体试件宏观破坏的开始。

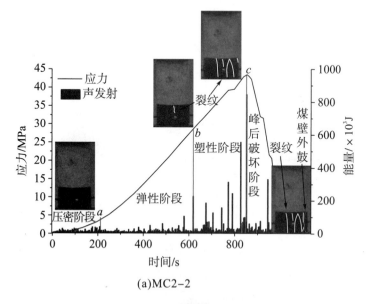

(a)MC2-2

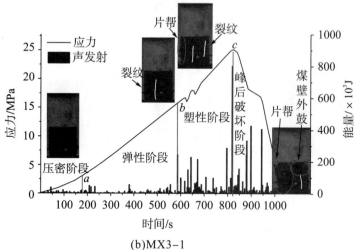

(b)MX3-1

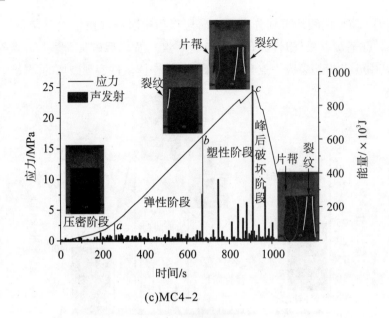

(c)MC4-2

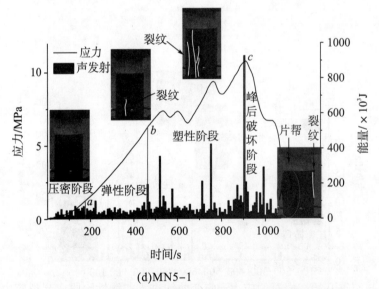

(d)MN5-1

图3.9 煤-岩结构体单轴压缩应力-应变曲线及裂纹发展过程

（1）压密阶段：该阶段煤试件中的孔隙、裂隙较多，而岩石中的孔隙、裂隙较少。煤-岩结构体单轴压缩过程中，受到试验机轴向压应力的作用，煤试件中的孔隙、裂隙以及煤与岩石的交界面开始逐渐被压实。

（2）弹性阶段：该阶段煤-岩结构体内部原有的孔隙、裂隙继续被压实。同时，在轴向压应力作用下，煤-岩结构体内的原生裂纹开始发育，在煤-岩结构体的薄弱部位开始产生新的微裂纹并逐渐扩展。弹性阶段是煤－岩结构体弹性变形能储存的阶段，应力－应变曲线表现为一条直线，其对应的声发射信号略有波动，但未出现突增点。

（3）塑性阶段：该阶段煤－岩结构体表面开始出现宏观裂隙，随着轴向压应力的不断增加，宏观裂隙不断扩展、贯通，在弹性阶段储存的弹性变形能在此阶段向外释放。其对应的声发射信号有较大波动，并伴随煤块飞溅、煤壁外鼓、片帮等现象。此阶段的应力增加较小，但应变增加迅速，此阶段的应力－应变曲线表现出向下凹的曲线段。

（4）峰后破坏阶段：该阶段煤－岩结构体的宏观裂纹在轴向压应力作用下继续扩展、贯通，直到试件破坏。此阶段对应的声发射信号由强逐渐减弱。

煤－岩结构体出现的首个宏观裂纹均发生在煤试件内，主要是由于煤试件内微观裂隙较为发育，在轴向压应力作用下，原生裂纹尖端起裂扩展形成宏观裂纹，或在试件薄弱部位产生新的裂纹。随着压应力的逐渐增大，宏观裂纹相互扩展、贯通，最终导致煤－岩结构体发生破坏。其中，MC2－2 中煤试件发生煤壁外鼓，并伴随大量轴向裂纹；MX3－1 中煤试件主要发生煤壁外鼓，并在煤－岩交界面处有大面积片帮；MC4－2 和 MN5－1 中煤试件发生大面积片帮。

岩石中裂纹是随机分布的。随着载荷的增加，岩石中某一区域内的裂纹首先发生起裂、扩展，此时对应的应力为起裂应力。裂纹起裂标志着裂纹发育、扩展的开始，也标志着煤层冲刷带煤－岩结构体宏观破坏的开始。为进一步了解煤层冲刷带内煤－岩结构体的失稳破坏机制，分析不同煤－岩高度比和不同岩石性质对煤－岩结构体起裂应力的影响。

目前对起裂应力的研究方法主要分为三类：基于 SEM、CT 等观测设备的直接观察法、声发射法和基于裂纹体积应变的确定方法。但因煤试件起裂的过程极为短暂，不易捕捉，故在试验过程中利用声发射（AE 系统）及高清摄影（DVC 系统）对裂纹发展进行监测。

从起裂点开始，岩石的应力－应变曲线进入非线性阶段，起裂应力为岩石开始出现宏观损伤破坏的阈值，该阶段伴有明显的声发射事件，可以通过明显的声发射事件及应力波动来确定起裂应力 σ_{ci}。起裂应力是相对值，定义起裂应力水平 K 为：

$$K = \frac{\sigma_{ci}}{\sigma_c} \tag{3.11}$$

式中，σ_c 为最大应力。K 反映了岩石的不均匀性及结构上的差异，该值越小，岩石的非均匀性越强。

对煤－岩结构体在压缩过程中的声发射事件、应力波动和试件表面裂隙起裂情况进行观测，得出起裂应力。各组煤－岩结构体起裂应力及起裂应力水平见表3.9。

表3.9 煤－岩结构体起裂应力及起裂应力水平

试件名称	起裂应力（MPa）	起裂应力水平（%）	试件名称	起裂应力（MPa）	起裂应力水平（%）	试件名称	起裂应力（MPa）	起裂应力水平（%）
MC1－1	41.31	77.38	MX1－1	39.70	81.82	MN1－1	31.94	71.00
MC1－2	47.19	83.48	MX1－2	38.80	75.39	MN1－2	31.00	73.19
MC1－3	48.85	83.00	MX1－3	41.74	82.10	MN1－3	32.07	71.00
MC1 平均值	45.79	81.38	MX1 平均值	40.08	79.71	MN1 平均值	31.67	71.70
MC2－1	33.60	84.46	MX2－1	27.97	74.66	MN2－1	22.11	68.00
MC2－2	31.02	71.34	MX2－2	22.60	61.98	MN2－2	24.74	69.14
MC2－3	33.69	78.09	MX2－3	29.50	88.00	MN2－3	20.16	68.00
MC2 平均值	32.77	77.76	MX2 平均值	26.69	74.51	MN2 平均值	22.34	68.42
MC3－1	19.70	73.00	MX3－1	16.71	68.00	MN3－1	13.79	64.00
MC3－2	21.59	72.34	MX3－2	18.84	69.08	MN3－2	15.53	66.78
MC3－3	22.23	73.00	MX3－3	16.55	68.00	MN3－3	13.19	64.00
MC3 平均值	21.17	72.77	MX3 平均值	17.37	68.39	MN3 平均值	14.17	65.00
MC4－1	16.63	78.00	MX4－1	11.14	58.13	MN4－1	10.12	53.23
MC4－2	12.74	52.22	MX4－2	9.72	51.44	MN4－2	9.15	51.60
MC4－3	20.16	78.00	MX4－3	13.85	79.00	MN4－3	11.18	69.00
MC4 平均值	16.51	69.22	MX4 平均值	11.57	62.44	MN4 平均值	10.15	57.51
MC5－1	10.50	65.17	MX5－1	6.34	48.19	MN5－1	6.58	61.00
MC5－2	9.84	65.81	MX5－2	7.04	63.07	MN5－2	5.11	51.70
MC5－3	11.65	71.57	MX5－3	8.74	57.77	MN5－3	6.41	46.49
MC5 平均值	10.66	67.57	MX5 平均值	7.37	56.09	MN5 平均值	6.03	52.53

图3.10为煤－岩结构体平均起裂应力的变化曲线。由图可知，当构成煤－岩结构体的岩石性质相同时，其平均起裂应力随煤－岩高度比的增大而逐渐减小。因为煤－岩高度比越大，煤－岩结构体的峰值强度越低，在相同载荷作用下产生的应变越大，储存能量也越多。当储存能量达到裂纹尖端起裂条件时，裂纹开始沿主应力方向扩展。同时，煤试件中的裂隙较为发育，煤－岩高度比越大，煤－岩结构体中裂隙相对较多，在较小应力作用下就能满足裂隙扩展要求，进而引发裂隙扩展。

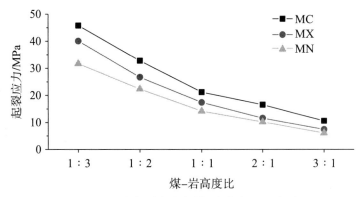

(a)平均起裂应力与煤-岩高度比的关系

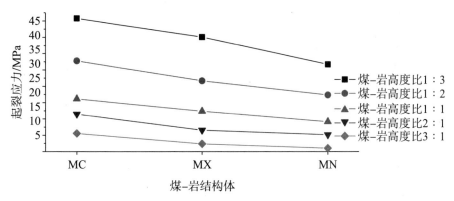

(b)平均起裂应力与煤-岩结构体的关系

图 3.10　煤－岩结构体平均起裂应力的变化曲线

当煤－岩高度比相同时，岩石强度越低，由其构成的煤－岩结构体的起裂应力越低。因为泥岩强度较小，在相同载荷作用下产生应变较大，储存能量较多，最先达到裂隙起裂所需要的能量，裂纹发生扩展，或在煤－岩结构体薄弱部位产生新裂纹。

对煤－岩结构体起裂应力与煤－岩高度比进行拟合，MC、MX 及 MN 的起裂应力与煤－岩高度比的拟合方程分别为：

$$y=-11.13x+40.98\ (R^2=0.67) \tag{3.12}$$

$$y=-10.26x+34.63\ (R^2=0.70) \tag{3.13}$$

$$y=-8.04x+28.05\ (R^2=0.73) \tag{3.14}$$

岩石强度越小，拟合函数斜率的绝对值越小，说明由煤－岩高度比增大而引起的起裂应力变化越小。

当煤－岩高度比分别为 1∶3、1∶2、1∶1、2∶1 及 3∶1 时，起裂应力与煤-岩强度比的拟合方程分别为：

$$y = -148.28x + 70.28 \ (R^2 = 0.99) \tag{3.15}$$

$$y = -107.25x + 49.76 \ (R^2 = 0.92) \tag{3.16}$$

$$y = -72.32x + 32.74 \ (R^2 = 0.95) \tag{3.17}$$

$$y = -63.88x + 26.14 \ (R^2 = 0.86) \tag{3.18}$$

$$y = -45.91x + 17.62 \ (R^2 = 0.79) \tag{3.19}$$

煤-岩高度比越大，拟合函数斜率的绝对值越小，说明由岩石性质差异引起的起裂应力变化越小。

图 3.11 为煤-岩结构体平均起裂应力水平变化曲线。由图可知，当构成煤-岩结构体的岩石性质相同时，平均起裂应力水平随煤-岩高度比的增大而逐渐降低。这说明煤-岩高度比越大，煤-岩结构体平均起裂应力占峰值应力的比例越小，煤-岩结构体的非均匀性越强。

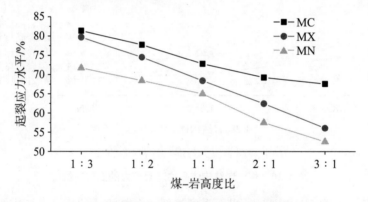

(a)平均起裂应力水平与煤-岩高度比的关系

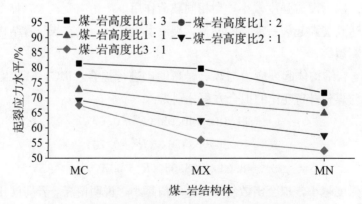

(b)平均起裂应力水平与煤-岩结构体的关系

图 3.11　煤-岩结构体平均起裂应力水平变化曲线

当煤－岩高度比相同时，岩石强度越小，由其构成的煤－岩结构体平均起裂应力水平越低，说明平均起裂应力占峰值应力的比例越小，煤－岩结构体的非均匀性越强。

3.3.2　破坏特征

常见的岩石破坏形态主要分为四种：轴向劈裂破坏、X 型共轭剪切破坏、单斜面剪切破坏和剪切张拉复合破坏（图 3.12）。

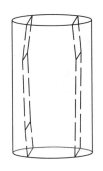 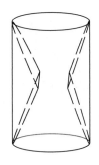 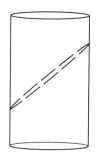 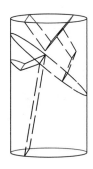

(a)轴向劈裂破坏　(b)X型共轭剪切破坏　(c)单斜面剪切破坏　(d)剪切张拉复合破坏

图 3.12　常见的岩石破坏形态

不同煤－岩高度比的 MC、MX 和 MN 的破坏形态分别如图 3.13 所示。由于煤试件中存在较多孔隙、裂纹，在轴向压应力的作用下，原生裂纹发生闭合、扩展，同时产生新的裂纹、裂隙，加载过程中伴随小煤块飞溅且形成片帮、剥落等局部破坏，破坏后的煤试件中存在平行或近似平行于轴向压应力的裂纹、裂隙。

图 3.13（a）为不同煤－岩高度比 MC 的破坏形态。由图可知，MC1－1 和 MC2－2 中岩石试件主要发生轴向劈裂破坏，煤试件完全破坏，破碎块体较小，MC2－2 中煤试件伴有 X 型共轭剪切破坏。MC3－1 中煤试件主要发生轴向劈裂破坏，且岩石试件在煤－岩接触面产生平行于轴向压应力方向的裂纹。MC4－2 中岩石试件主要发生单斜面剪切破坏，煤试件发生轴向劈裂破坏，伴有部分片帮剥落。MC5－1 中煤试件发生轴向劈裂破坏，伴有煤壁外鼓，岩石试件没有发生破坏。

图 3.13（b）为不同煤－岩高度比 MX 的破坏形态。由图可知，MX 中煤试件均发生轴向劈裂破坏，破坏后的煤试件中存在平行或近似平行于轴向压应力的裂纹、裂隙。MX1－1 和 MX2－2 中岩石试件主要发生轴向劈裂破坏，MX3－1 中岩石试件局部片帮，MX4－2 中岩石试件主要发生单斜面剪切破坏，

MX5-1中岩石试件没有发生破坏。

图3.13（c）为不同煤–岩高度比MN的破坏形态。由图可知，MN中煤试件主要发生轴向劈裂破坏，并伴有局部剪切张拉复合破坏。MN1-1和MN2-1中岩石试件主要发生轴向劈裂破坏，MN3-1中岩石试件发生片帮，MN4-2和MN5-1中岩石试件发生局部片帮。

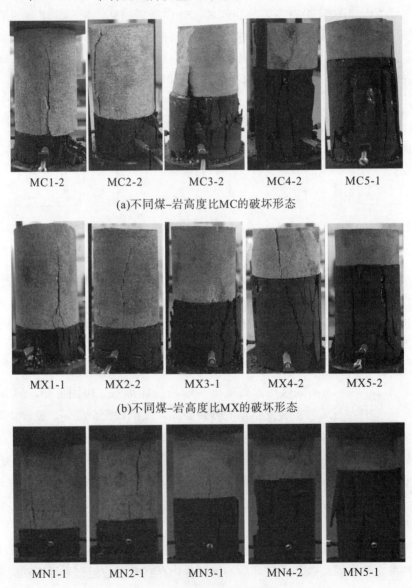

(a)不同煤–岩高度比MC的破坏形态

(b)不同煤–岩高度比MX的破坏形态

(c)不同煤–岩高度比MN的破坏形态

图3.13　不同煤–岩高度比煤–岩结构体的破坏形态

综合以上分析，煤－岩结构体在受压过程中，煤试件是首先破裂体，且主要发生轴向劈裂破坏。而岩石试件在尚未达到强度极限就发生破坏，从岩石的破坏形态、裂纹起始位置等分析，岩石破坏的主要原因可能是煤试件中裂纹快速扩展与弹性变形能突然释放，是能量驱动下的失稳破坏。

当构成煤－岩结构体的岩石性质相同时，随煤－岩高度比增大，其破坏程度降低。煤－岩结构体中煤试件破坏后形成破碎块体的体积随煤－岩高度比的增大而逐渐增大。当煤－岩高度比较小时，煤－岩结构体中岩石试件产生较大的贯穿裂纹；当煤－岩高度比较大时，煤－岩结构体中岩石试件不发生破坏。这是因为当岩石性质相同时，煤－岩高度比越大，岩石在煤－岩结构体中的体积比例越小，产生相同应变时储存能量较少，煤试件发生失稳时，储存在岩石内的能量对煤试件产生的破坏程度较小。当煤－岩高度比相同时，岩石强度越大，产生相同应变时储存能量较多，当煤－岩结构体中煤试件发生失稳时，储存在岩石内部的能量突然向外释放，进一步加剧了煤试件的破坏程度。

3.4 煤－岩结构体与煤、岩单体单轴压缩试验结果对比分析

为进一步研究不同岩性和煤－岩高度比对煤－岩结构体峰值强度的影响，分别比较 MC、MX 和 MN 与煤单体的峰值强度变化率，以及 MC 与粗砂岩、MX 与细砂岩和 MN 与泥岩的峰值强度变化率，结果见表 3.10。

表 3.10 煤－岩结构体与煤、岩单体的峰值强度变化率的比较结果

煤－岩高度比	MC 与煤单体（%）	MX 与煤单体（%）	MN 与煤单体（%）	MC 与粗砂岩（%）	MX 与细砂岩（%）	MN 与泥岩（%）
1：3	316.76	273.83	228.40	−31.32	−22.92	−14.54
1：2	212.14	166.32	142.79	−48.56	−45.09	−36.82
1：1	115.47	88.85	62.13	−64.49	−61.06	−57.81
2：1	76.72	37.75	31.21	−70.88	−71.60	−65.86
3：1	16.91	−2.26	−14.66	−80.73	−79.85	−77.79

由表可知，煤－岩结构体与煤单体相比，峰值强度变化率大于 0，说明煤－岩结构体的峰值强度与煤单体相比是增长的，煤－岩结构体的峰值强度大于煤单体的峰值强度。当煤－岩高度比为 3：1 时，MX 与煤单体和 MN 与煤单体相比，峰值强度变化率小于 0，说明 MX 和 MN 的峰值强度与煤单体相比

是降低的。MC 与粗砂岩相比的峰值强度变化率、MX 与细砂岩相比的峰值强度变化率及 MN 结构体与泥岩相比的峰值强度变化率均小于 0，说明煤-岩结构体的峰值强度与岩石相比是降低的，煤-岩结构体的峰值强度小于组成该结构体的岩石单体的峰值强度。

图 3.14 为煤-岩结构体与煤单体相比的峰值强度增长率和煤-岩高度比的关系曲线。由图可知，煤-岩结构体与煤单体相比的峰值强度增长率随煤-岩高度比的增大而逐渐降低，主要是随着煤-岩高度比增大，煤试件在煤-岩结构体中的所占体积比例逐渐增加，煤-岩结构体的峰值强度逐渐降低，使其峰值强度与煤单体相近，导致煤-岩结构体与煤单体相比的峰值强度增长率逐渐降低。

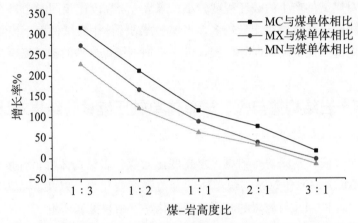

图 3.14   煤-岩结构体与煤单体相比的峰值强度增长率和煤-岩高度比的关系曲线

当煤-岩高度比相同时，MC 与煤单体相比的峰值强度增长率>MX 与煤单体相比的峰值强度增长率>MN 与煤单体相比的峰值强度增长率，基于对粗砂岩、细砂岩和泥岩的峰值强度的分析，岩石强度越大，由其构成的煤-岩结构体的峰值强度越大，与煤单体相比的峰值强度增长率就越高。同时，煤-岩结构体的峰值强度和弹性模量介于煤单体和岩石单体，但更接近于煤单体，随着岩石强度增大，煤-岩结构体的力学性能增强。

图 3.15 为 MC 与粗砂岩、MX 与细砂岩及 MN 与泥岩的峰值强度降低率和煤-岩高度比的关系曲线。由图可知，当构成煤-岩结构体的岩石性质相同时，煤-岩高度比越大，煤-岩结构体与其对应岩石单体相比的峰值强度降低率越大。

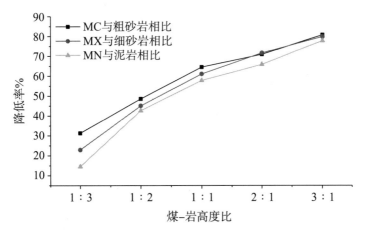

图 3.15　MC 与粗砂岩、MX 与细砂岩及 MN 与泥岩相比的峰值强度降低率和煤－岩高度比的关系曲线

当煤－岩高度比相同时，MC 与粗砂岩相比的峰值强度降低率＞MX 与细砂岩相比的峰值强度降低率＞MN 与泥岩相比的峰值强度降低率。

3.5　煤－岩结构体冲击能量指数演化规律

冲击能量指数是煤－岩结构体的一种固有属性。在煤－岩结构体单轴压缩过程中，峰值前集聚的能量与峰值后耗损的能量之比称为冲击能量指数，用 K_E 表示。冲击能量指数直观、全面地反映了储能和耗能的全过程，显示了煤－岩结构体冲击倾向性的物理本质。

然而，现场煤层处于一定的围岩环境中，基于前期理论研究和试验结果，煤层冲刷带内岩石性质及厚度对煤体的力学特性有着显著影响。例如，煤－岩结构体的单轴抗压强度比煤单体大，如果以煤单体的试验结果为计算依据，单轴抗压强度比实际工程略小。因此，在计算冲击能量指数时，应以煤－岩结构体的试验结果为依据。

表 3.11~表 3.13 为 MC、MX 和 MN 的冲击能量指数。

表 3.11　MC 的冲击能量指数

试件名称	煤—岩高度比	峰前能量（kJ）	峰后能量（kJ）	冲击能量指数
MC1-1		0.1852	0.0319	5.8056
MC1-2	1：3	0.1971	0.0375	5.2504
MC1-3		0.1953	0.0405	4.8251
MC1 平均值		0.1925	0.0366	5.2937
MC2-1		0.1521	0.0313	4.8672
MC2-2	1：2	0.1322	0.0301	4.3906
MC2-3		0.1423	0.0328	4.3362
MC2 平均值		0.1422	0.0314	4.5313
MC3-1		0.0927	0.0287	3.2302
MC3-2	1：1	0.1108	0.0211	5.2587
MC3-3		0.1144	0.0243	4.7110
MC3 平均值		0.1060	0.0247	4.4000
MC4-1		0.0926	0.0287	3.2213
MC4-2	2：1	0.0752	0.0183	4.1184
MC4-3		0.0778	0.0195	3.9969
MC4 平均值		0.0818	0.0222	3.7789
MC5-1		0.0813	0.0221	3.6769
MC5-2	3：1	0.0615	0.0180	3.4110
MC5-3		0.0435	0.0195	2.2386
MC5 平均值		0.0621	0.0199	3.1088

表 3.12　MX 的冲击能量指数

试件名称	煤—岩高度比	峰前能量（kJ）	峰后能量（kJ）	冲击能量指数
MX1-1		0.1932	0.0416	4.6453
MX1-2	1：3	0.1729	0.0562	3.0760
MX1-3		0.1854	0.0473	3.9193
MX1 平均值		0.1838	0.0484	3.8802

续表

试件名称	煤－岩高度比	峰前能量（kJ）	峰后能量（kJ）	冲击能量指数
MX2－1		0.1455	0.0483	3.0149
MX2－2	1∶2	0.1318	0.0396	3.3316
MX2－3		0.1372	0.0355	3.8648
MX2 平均值		0.1382	0.0411	3.4038
MX3－1		0.0852	0.0301	2.8287
MX3－2	1∶1	0.1089	0.0298	3.6568
MX3－3		0.0872	0.0359	2.4308
MX3 平均值		0.0938	0.0319	2.9721
MX4－1		0.0897	0.0287	3.1294
MX4－2	2∶1	0.0716	0.0291	2.4573
MX4－3		0.0742	0.0273	2.7178
MX4 平均值		0.0785	0.0284	2.7682
MX5－1		0.0599	0.0216	2.7730
MX5－2	3∶1	0.0511	0.0199	2.5676
MX5－3		0.0505	0.0250	2.0172
MX5 平均值		0.0538	0.0222	2.4526

表 3.13　MN 的冲击能量指数

试件名称	煤－岩高度比	峰前能量（kJ）	峰后能量（kJ）	冲击能量指数
MN1－1		0.1713	0.0513	3.3405
MN1－2	1∶3	0.1532	0.0613	2.5000
MN1－3		0.1735	0.0628	2.7615
MN1 平均值		0.1660	0.0585	2.8673
MN2－1		0.1324	0.0533	2.4855
MN2－2	1∶2	0.0984	0.0486	2.0243
MN2－3		0.1062	0.0404	2.6305
MN2 平均值		0.1123	0.0474	2.3801

试件名称	煤—岩高度比	峰前能量（kJ）	峰后能量（kJ）	冲击能量指数
MN3－1		0.0988	0.0437	2.2613
MN3－2	1∶1	0.0775	0.0381	2.0325
MN3－3		0.0743	0.0393	1.8906
MN3 平均值		0.0835	0.0404	2.0615
MN4－1		0.0821	0.0345	2.3802
MN4－2	2∶1	0.0601	0.0299	2.0084
MN4－3		0.0546	0.0332	1.6419
MN4 平均值		0.0656	0.0326	2.0101
MN5－1		0.0482	0.0299	1.6155
MN5－2	3∶1	0.0501	0.0245	2.0445
MN5－3		0.0482	0.0249	1.9377
MN5 平均值		0.0488	0.0264	1.8659

煤—岩结构体的平均冲击能量指数与煤—岩高度比和岩性的关系曲线如图 3.16、图 3.17 所示。

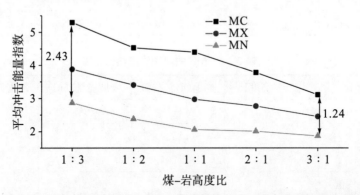

图 3.16　煤—岩结构体的平均冲击能量指数与煤—岩高度比的关系曲线

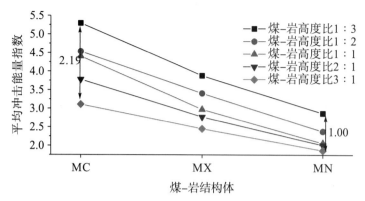

图 3.17　煤－岩结构体的平均冲击能量指数与岩性的关系曲线

由图 3.16 可知，随着煤－岩高度比增大，煤－岩结构体的平均冲击能量指数逐渐降低。将煤－岩结构体平均冲击能量指数与煤－岩高度比进行函数拟合，MC、MX 及 MN 的平均冲击能量指数与煤－岩高度比的拟合方程分别为：

$$y = -0.70x + 5.12 \quad (R^2 = 0.90) \tag{3.20}$$

$$y = -0.45x + 3.71 \quad (R^2 = 0.79) \tag{3.21}$$

$$y = -0.29x + 2.63 \quad (R^2 = 0.76) \tag{3.22}$$

岩石强度越高，拟合函数斜率的绝对值越大，说明由其构成的煤－岩结构体的平均冲击能量指数随煤－岩高度比变化的敏感性越强。

由图 3.17 可知，随着岩石强度降低，煤－岩结构体的平均冲击能量指数逐渐降低。将煤－岩结构体平均冲击能量指数与煤－岩强度比进行函数拟合，当煤－岩高度比分别为 1∶3、1∶2、1∶1、2∶1 及 3∶1 时，煤－岩结构体平均冲击能量指数与煤－岩强度比的拟合方程分别如下：

$$y = -24.95x + 9.25 \quad (R^2 = 0.92) \tag{3.23}$$

$$y = -22.28x + 8.11 \quad (R^2 = 0.96) \tag{3.24}$$

$$y = -23.96x + 8.17 \quad (R^2 = 0.90) \tag{3.25}$$

$$y = -18.21x + 6.67 \quad (R^2 = 0.93) \tag{3.26}$$

$$y = -12.86x + 5.17 \quad (R^2 = 0.96) \tag{3.27}$$

煤－岩高度比越小，拟合函数斜率的绝对值越大（除煤－岩高度比为 1∶1 时），说明煤－岩结构体平均冲击能量指数随煤－岩强度比变化的敏感性越强。

当煤－岩高度比由 1∶3 增加至 3∶1 时，MC 的平均冲击能量指数与 MN 的差值由 2.43 降至 1.24。当 MC 变为 MN 时，煤－岩高度比为 1∶3 时的平均冲击能量指数与煤－岩高度比为 3∶1 时的差值由 2.19 降至 1.00。这说明煤－岩高度比越大，岩石强度越低，不同煤－岩结构体的冲击能量指数差距越小。

综上可得，煤-岩高度比越小，煤-岩结构体的平均冲击能量指数越大；煤-岩结构体中岩石强度越高，煤-岩结构体的冲击能量指数越大；煤-岩高度比越大，不同岩石构成的煤-岩结构体的冲击能量指数差距越小。也就是说，煤层冲刷带内煤-岩高度比越小，冲击能量指数越大；煤层冲刷带内岩石强度越高，冲击能量指数越大。

第4章 煤－岩结构体单轴循环加卸载试验及变形破坏特征

在煤矿开采过程中，煤层冲刷带及其附近煤－岩结构体经常受到硐室爆破、巷道掘进及工作面回采等工程活动的扰动，承受循环载荷作用的影响。煤层冲刷带内由不同岩性和不同煤－岩高度比构成的煤－岩结构体的力学特性不同于煤、岩单体的力学特性，循环加卸载作用下的煤－岩结构体的力学特性也不同于单轴压缩作用下的煤－岩结构体的力学特性。所以，有必要对煤层冲刷带内煤－岩结构体在循环加卸载作用下的力学特性及破坏特征进行深入研究。

因此，本章对不同岩性、不同煤－岩高度比的煤－岩结构体进行单轴循环加卸载试验，对其力学特性及变形破坏特征进行研究。

4.1 煤－岩结构体单轴循环加卸载试验

4.1.1 试件制备

为了降低煤、岩试样的离散性对试验的影响，所有煤、岩试样均取自黑龙江龙煤集团新安煤矿。不同岩性和不同煤－岩高度比的煤－岩结构体的制备流程为：首先用取芯机将煤、粗砂岩、细砂岩及泥岩钻取为直径 50mm 的圆柱体，其次用切割机将圆柱体切割成高度分别为 100mm、75mm、67mm、50mm、33mm、25mm 的试件，最后利用磨平机打磨试件的上下两个端面以满足试验要求。分别将煤与细砂岩、煤与粗砂岩、煤与泥岩用两液混合硬化胶黏结成煤－岩高度比为 1∶3、1∶2、1∶1、2∶1 及 3∶1 的标准试样（$\phi50mm\times$

100mm)，按照煤－岩高度比从 1：3 到 3：1，将煤－粗砂岩结构体记为XMC1、XMC2、XMC3、XMC4 和 XMC5，将煤－细砂岩结构体记为 XMX1、XMX2、XMX3、XMX4 和 XMX5，将煤－泥岩结构体记为 XMN1、XMN2、XMN3、XMN4 和 XMN5，每组试件各 3 个，部分试件如图 4.1 所示。

图 4.1　部分煤－岩结构体试件

4.1.2　试验系统及试验方案

煤－岩结构体单轴循环加卸载试验所用系统与第 3 章所用相同。

试验采用应力控制模式，为保证试验机的安全，需要对试验机设置保护，即当煤样轴向位移大于或等于 3mm 时，试验机停机。将煤－岩结构体放在试验机平台中间，先以较小的速度使试验机压头与其紧密接触，将应力和应变清零。首先以 1.5kN/s 的速度进行加载，当载荷达到 12kN（煤单轴抗压强度的35%～45%）时，以相同速度卸载至 2kN，再以 1.5kN/s 的速度加载至14kN，并以相同速度卸载至 2kN，后一次循环的加载应力峰值比前一次循环的增加 2kN，以此类推，继续进行加载、卸载，直至结构体发生破坏后停止试验。循环加卸载波形图如图 4.2 所示。

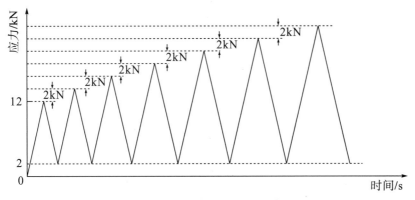

图 4.2　循环加卸载波形图

4.1.3　试验结果

表 4.1～表 4.3 为不同煤－岩高度比的 XMC、XMX 和 XMN 单轴循环加卸载试验结果。

表 4.1　不同煤－岩高度比的 XMC 单轴循环加卸载试验结果

试件名称	煤－岩高度比	峰值应变	峰值强度（MPa）
XMC1－1		0.0094	25.42
XMC1－2	1∶3	0.0104	23.44
XMC1－3		0.0096	24.37
XMC1 平均值		0.0098	24.41
XMC2－1		0.0114	22.44
XMC2－2	1∶2	0.0089	18.35
XMC2－3		0.0111	24.25
XMC2 平均值		0.0104	21.68
XMC3－1		0.0128	19.17
XMC3－2	1∶1	0.0102	16.21
XMC3－3		0.0129	19.04
XMC3 平均值		0.0120	18.14
XMC4－1		0.0142	16.97
XMC4－2	2∶1	0.0124	15.17
XMC4－3		0.0131	15.79
XMC4 平均值		0.0132	15.98

试件名称	煤-岩高度比	峰值应变	峰值强度（MPa）
XMC5-1		0.0129	12.31
XMC5-2	3：1	0.0133	11.79
XMC5-3		0.0132	10.42
XMC5 平均值		0.0131	11.51

注：XMC1、XMC2、XMC3、XMC4、XMC5 分别代表煤-岩高度比为 1：3、1：2、1：1、2：1、3：1 的煤-粗砂岩结构体。

表 4.2 不同煤-岩高度比的 XMX 单轴循环加卸载试验结果

试件名称	煤-岩高度比	峰值应变	峰值强度（MPa）
XMX1-1		0.0099	20.13
XMX1-2	1：3	0.0103	21.66
XMX1-3		0.0115	24.27
XMX1 平均值		0.0106	22.02
XMX2-1		0.0127	19.01
XMX2-2	1：2	0.0135	17.32
XMX2-3		0.0130	20.12
XMX2 平均值		0.0131	18.82
XMX3-1		0.0104	15.29
XMX3-2	1：1	0.0085	13.61
XMX3-3		0.0110	19.26
XMX3 平均值		0.0100	16.05
XMX4-1		0.0160	13.99
XMX4-2	2：1	0.0198	12.92
XMX4-3		0.0165	12.49
XMX4 平均值		0.0174	13.13
XMX5-1		0.0158	9.93
XMX5-2	3：1	0.0151	11.21
XMX5-3		0.0121	10.68
XMX5 平均值		0.0143	10.61

注：XMX1、XMX2、XMX3、XMX4、XMX5 分别代表煤-岩高度比为 1：3、1：2、1：1、2：1、3：1 的煤-细砂岩结构体。

表 4.3　不同煤－岩高度比的 XMN 单轴循环加卸载试验结果

试件名称	煤－岩高度比	峰值应变	峰值强度（MPa）
XMN1－1		0.0111	18.38
XMN1－2	1∶3	0.0080	19.19
XMN1－2		0.0082	20.94
XMN1 平均值		0.0091	19.50
XMN2－1		0.0120	15.32
XMN2－2	1∶2	0.0129	16.01
XMN2－2		0.0134	15.62
XMN2 平均值		0.0128	15.65
XMN3－1		0.0160	13.02
XMN3－2	1∶1	0.0138	14.09
XMN3－2		0.0140	16.86
XMN3 平均值		0.0146	14.66
XMN4－1		0.0162	16.31
XMN4－2	2∶1	0.0157	12.17
XMN4－3		0.0144	12.09
XMN4 平均值		0.0155	13.52
XMN5－1		0.0184	9.21
XMN5－2	3∶1	0.0198	11.09
XMN5－3		0.0163	8.52
XMN5 平均值		0.0182	9.61

注：XMN1、XMN2、XMN3、XMN4、XMN5 分别代表煤－岩高度比为 1∶3、1∶2、1∶1、2∶1、3∶1 的煤－泥岩结构体。

表 4.4～表 4.6 为 XMC、XMX 和 XMN 峰值强度数理统计结果，由表可知，煤－岩结构体的离散系数均较小，表明其峰值强度离散性较小。

表 4.4　XMC 峰值强度数理统计结果

试件名称	煤－岩高度比	峰值强度（MPa）	极差	标准差	离散系数（%）
XMC1 平均值	1∶3	24.41	1.98	0.81	3.31
XMC2 平均值	1∶2	21.68	5.9	2.47	11.38
XMC3 平均值	1∶1	18.14	2.96	1.37	7.53

试件名称	煤-岩高度比	峰值强度（MPa）	极差	标准差	离散系数（％）
XMC4 平均值	2∶1	15.98	1.8	0.75	4.67
XMC5 平均值	3∶1	11.51	1.89	0.80	6.93

表 4.5　XMX 峰值强度数理统计结果

试件名称	煤-岩高度比	峰值强度（MPa）	极差	标准差	离散系数（％）
XMX1 平均值	1∶3	22.02	4.14	1.71	7.76
XMX2 平均值	1∶2	18.82	2.8	1.15	6.12
XMX3 平均值	1∶1	16.05	5.65	2.37	14.76
XMX4 平均值	2∶1	13.13	1.5	0.63	4.80
XMX5 平均值	3∶1	10.61	1.28	0.53	4.95

表 4.6　XMN 峰值强度数理统计结果

试件名称	煤-岩高度比	峰值强度（MPa）	极差	标准差	离散系数（％）
XMN1 平均值	1∶3	19.5	2.56	1.07	5.48
XMN2 平均值	1∶2	15.65	0.69	0.28	1.81
XMN3 平均值	1∶1	14.66	3.84	1.62	11.04
XMN4 平均值	2∶1	13.52	4.22	1.97	14.58
XMN5 平均值	3∶1	9.61	2.57	1.09	11.30

　　图 4.3～图 4.5 为不同煤-岩高度比 XMC、XMX 和 XMN 单轴循环加卸载试验中的应力-应变曲线。由图可知，不同煤-岩结构体在单轴循环加卸载作用下的应力-应变曲线随循环次数的增加呈现"疏-密-疏"的变化规律，这一特点与岩石类材料的循环疲劳破坏过程相似。由此可将煤-岩结构体在单轴循环加卸载作用下的变形分为四个阶段：

　　第一阶段为变形缓慢发展阶段。煤-岩结构体在该阶段变形速度较慢，曲线较为稀疏，但该阶段的循环次数较少。

　　第二阶段为变形匀速发展阶段。煤-岩结构体在该阶段的变形破坏过程所占比例较大，曲线较密，每次循环产生的变形量较小且稳定。

　　第三阶段为变形加速发展阶段。煤-岩结构体在该阶段的变形速度较前两个阶段快，曲线由密变疏，每次循环产生的变形量较大，这一阶段所经历的循环次数也较少。

第四阶段为失稳破坏阶段。煤－岩结构体经过前三个阶段的累积变形，最终导致失稳破坏。

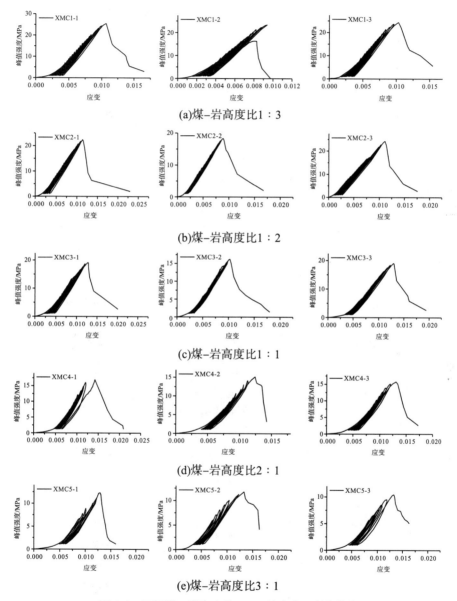

(a)煤–岩高度比1∶3

(b)煤–岩高度比1∶2

(c)煤–岩高度比1∶1

(d)煤–岩高度比2∶1

(e)煤–岩高度比3∶1

图 4.3 不同煤－岩高度比 XMC 的应力－应变曲线

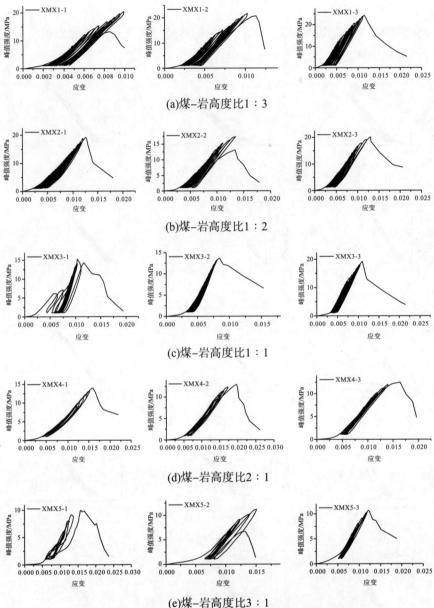

(a)煤−岩高度比1：3

(b)煤−岩高度比1：2

(c)煤−岩高度比1：1

(d)煤−岩高度比2：1

(e)煤−岩高度比3：1

图4.4　不同煤−岩高度比 XMX 的应力−应变曲线

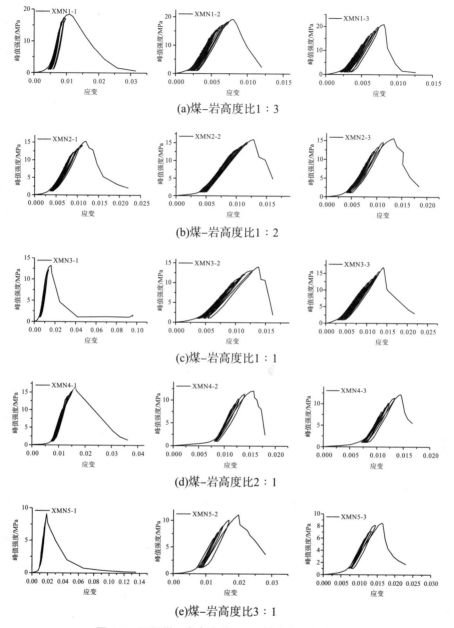

(a)煤－岩高度比1∶3

(b)煤－岩高度比1∶2

(c)煤－岩高度比1∶1

(d)煤－岩高度比2∶1

(e)煤－岩高度比3∶1

图 4.5 不同煤－岩高度比 XMN 的应力－应变曲线

不同岩性和不同煤－岩高度比的煤－岩结构体的应力－应变曲线之间具有一定差异。当煤－岩结构体的岩性相同时，煤－岩高度比越大，煤－岩结构体的循环次数越少，曲线逐渐变得稀疏；煤－岩高度比越小，煤－岩结构体的循环次数越多，曲线逐渐变得密集。这主要是煤－岩高度比不同会使煤－岩结构体的力学特性存在差异。煤-岩高度比越大，煤-岩结构体的峰值强度越低，每次循环产生的变形量较大，循环加卸载作用下的循环次数越少，曲线较为稀疏；煤-岩高度比越小，煤-岩结构体的峰值强度越高，每次循环产生的变形量较小，循环加卸载作用下的循环次数越多，曲线较密。

当煤-岩高度比相同时，岩石强度越高，由其构成的煤-岩结构体的循环次数越多，曲线越密；岩石强度越低，由其构成的煤-岩结构体的循环次数越少，曲线越稀疏。这主要是构成煤-岩结构体的岩石性质不同使煤-岩结构体的力学特性存在差异。粗砂岩具有强度高、应变小的特点，由其构成的煤-岩结构体的峰值强度较大，每次循环产生的变形量较小，循环加卸载作用下的循环次数较多，曲线较密；泥岩具有强度低、应变大的特点，由其构成的煤-岩结构体的峰值强度较小，每次循环产生的变形量较大，循环加卸载作用下的循环次数较少，曲线较稀疏。

4.2　煤-岩结构体力学特性

4.2.1　强度特征

根据表 4.1~表 4.3 分别绘制 XMC、XMX 和 XMN 平均峰值强度与煤-岩高度比的关系曲线，如图 4.6 所示。由图可知，煤-岩结构体平均峰值强度随煤-岩高度比的增大而呈现不同程度的降低，这是因为煤-岩高度比越小，岩石厚度越大，岩石轴向压缩变形需要更大的轴向应力，在一定程度上减小了轴向应力对煤-岩结构体的损伤作用，增大了平均峰值强度。同时，随着煤-岩高度比增大，煤试件在煤-岩结构体中所占体积比例越大，而煤试件中节理、裂隙相对发育，强度较低，导致煤-岩结构体整体强度下降。其中，XMN4-1 进行单轴循环加卸载试验时，峰值强度达到 16.31MPa。通过前期对试件进行 CT 扫描，发现其内部原生裂隙不发育且有部分夹矸，增大了煤-岩结构体的强度。

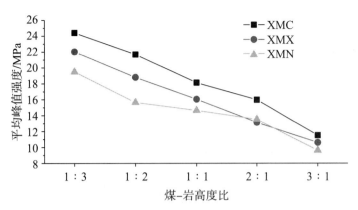

图 4.6 煤－岩结构体平均峰值强度与煤－岩高度比的关系曲线

当煤－岩高度比由 1∶3 增大到 3∶1 时，XMC 平均峰值强度降低率为 52.85%，XMX 平均峰值强度降低率为 51.84%，XMN 平均峰值强度降低率为 50.73%。煤－岩结构体平均峰值强度降低率由大至小为 XMC＞XMX＞XMN，即构成煤－岩结构体的岩石强度越高，由煤－岩高度比增大引起的平均峰值强度降低率越大。这主要是由岩石性质和煤－岩高度比的差异共同造成的，岩石强度越小，煤－岩高度比越大，煤－岩结构体的强度越小，在循环加卸载作用下产生的变形量越大，使得煤－岩结构体平均峰值强度降低率逐渐增大。

对煤－岩结构体在循环加卸载作用下平均峰值强度与煤－岩高度比进行函数拟合，XMC、XMX 及 XMN 平均峰值强度与煤－岩高度比的拟合方程分别为：

$$y=0.79x^2-6.89x+25.45 \ (R^2=0.92) \tag{4.1}$$

$$y=1.30x^2-8.08x+23.39 \ (R^2=0.93) \tag{4.2}$$

$$y=0.29x^2-3.90x+19.05 \ (R^2=0.78) \tag{4.3}$$

图 4.7 为不同煤－岩结构体平均峰值强度变化曲线。由图可知，当煤－岩高度比一定时，岩性差异对煤－岩结构体平均峰值强度的影响很大，其大小顺序为 XMC＞XMX＞XMN，即岩石强度越大，由其构成的煤－岩结构体的强度越大。这是因为当煤－岩高度比一定时，岩石强度越大，岩石压缩变形需要更大的轴向应力，在一定程度上减小了轴向应力对煤－岩结构体整体的损伤作用，增大了煤－岩结构体整体平均峰值强度。其中，当煤－岩高度比为 2∶1 时，XMC 平均峰值强度＞XMN 平均峰值强度＞XMX 平均峰值强度，这是因为 XMN4－1 中煤试件内含有大量夹矸，所以煤试件强度增大，使煤－岩结构体强度增加，煤－岩高度比为 2∶1 时 XMN 平均峰值强度偏高。

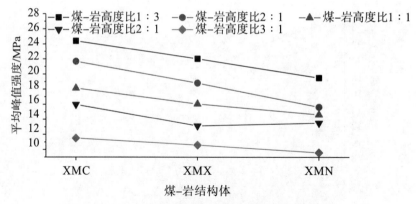

图 4.7　不同煤-岩结构体平均峰值强度变化曲线

对煤-岩结构体在循环加卸载作用下平均峰值强度与煤-岩强度比进行函数拟合，当煤-岩高度比分别为 1∶3、1∶2、1∶1、2∶1 及 3∶1 时，煤-岩结构体平均峰值强度与煤-岩强度比的拟合方程如下：

$$y=-51.04x+32.68 \ (R^2=0.98) \tag{4.4}$$

$$y=-62.81x+31.89 \ (R^2=0.99) \tag{4.5}$$

$$y=-35.75x+23.78 \ (R^2=0.91) \tag{4.6}$$

$$y=-23.51x+19.14 \ (R^2=0.86) \tag{4.7}$$

$$y=-19.81x+14.73 \ (R^2=0.99) \tag{4.8}$$

煤-岩高度比越大，拟合函数斜率的绝对值越小。因为煤-岩高度比越大，岩石占煤-岩结构体的体积比例越小，由岩石性质差异而引起的平均峰值强度变化越小。

4.2.2　弹性模量特征

弹性模量是反应岩石力学特性的重要指标之一。常用的岩石弹性模量包括平均弹性模量、切线弹性模量和割线弹性模量。平均弹性模量（E_{av}）为应力-应变曲线弹性阶段的平均斜率。切线弹性模量（E_t）为应力-应变曲线任意应力处的切线斜率。割线弹性模量（E_s）为应力-应变曲线某应力处与曲线原点的直线斜率，一般取应力峰值 1/2 处与曲线原点间的直线斜率。国际岩石力学试验学会（ISRM）规定可采用割线弹性模量作为非线性岩石的弹性模量。

本书定义每次循环加载曲线的峰值应力点与最小应力点的直线斜率为加载割线模量，每次循环卸载曲线峰值应力点与最小应力点的直线斜率为卸载割线弹性模量。第 1 次循环加载割线模量为加载曲线峰值应力点与原点的直线斜率。

不同煤－岩高度比 XMC、XMX 和 XMN 的加载割线模量和卸载割线模量与循环次数的关系曲线如图 4.8 所示。由图可知，加载弹性模量与卸载弹性模量的变化趋势基本相同，均随循环次数的增加呈非线性增大趋势，这是因为随着循环次数增加，作用在煤－岩结构体上的载荷增大，所以煤－岩结构体的割线弹性模量随之增大。当循环次数相同时，煤－岩高度比越大，煤－岩结构体的割线弹性模量越小，这是因为煤的弹性模量较小，岩石的弹性模量较大，随着煤－岩高度比增大，煤所占煤－岩结构体的体积比例逐渐增大，所以煤－岩结构体整体的弹性模量减小。同时，加载割线弹性模量均低于卸载割线弹性模量，主要是由于加载阶段最小应力点处的应变比卸载阶段最小应力点处的应变小，加载曲线峰值应力点与最小应力点的直线斜率比卸载曲线峰值应力点与最小应力点的直线斜率小。

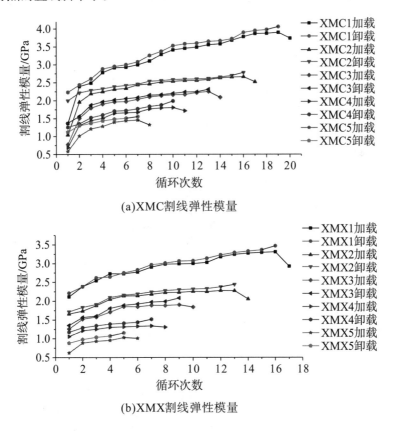

(a)XMC割线弹性模量

(b)XMX割线弹性模量

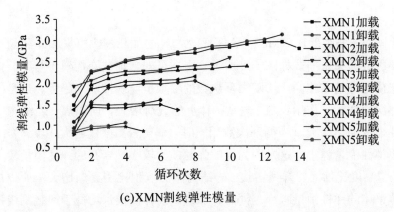

(c)XMN割线弹性模量

图4.8 加载割线弹性模量和卸载割线弹性模量与循环次数的关系曲线

图4.9为煤-岩结构体平均割线弹性模量与煤-岩高度比的关系曲线。由图可知，随着煤-岩高度比增大，煤-岩结构体的平均加载割线弹性模量和平均卸载割线弹性模量逐渐减小。

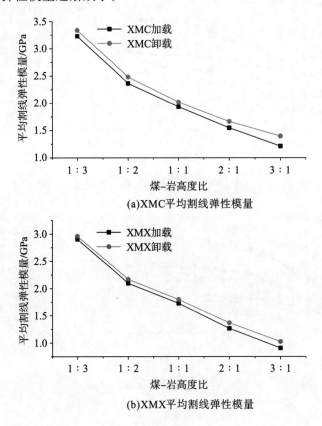

(a)XMC平均割线弹性模量

(b)XMX平均割线弹性模量

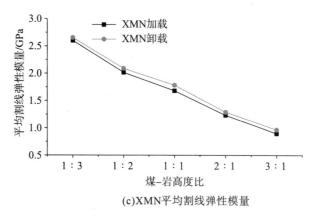

(c)XMN平均割线弹性模量

图 4.9 煤－岩结构体平均割线弹性模量与煤－岩高度比的关系曲线

图 4.10 煤－岩结构体平均割线弹性模量与岩性的关系曲线。由图可知，岩石强度越大，由其构成的煤－岩结构体的平均割线弹性模量越大；岩石强度越小，由其构成的煤－岩结构体的平均割线弹性模量越小。

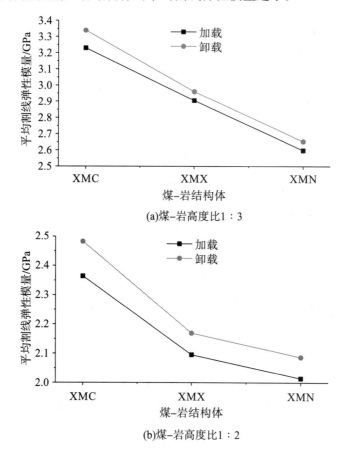

(a)煤–岩高度比1：3

(b)煤–岩高度比1：2

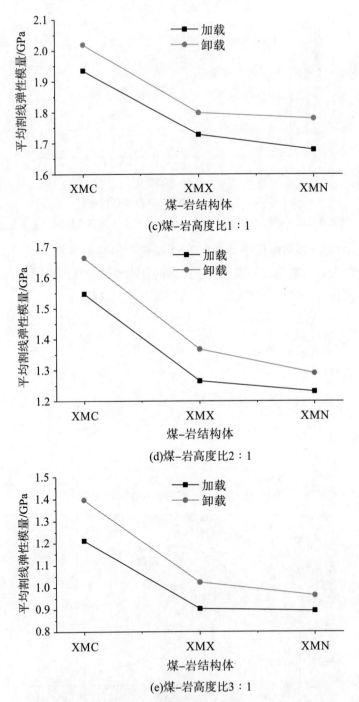

(c)煤–岩高度比1：1

(d)煤–岩高度比2：1

(e)煤–岩高度比3：1

图 4.10　煤—岩结构体平均割线弹性模量与岩性的关系曲线

4.2.3　变形特征

　　弹性应变和残余应变能较好地反映循环加卸载作用下煤－岩结构体的变形特征。以煤－岩结构体 XMC1－1 的单轴循环加卸载应力－应变曲线为例，计算每一次循环加卸载过程中的弹性应变与残余应变，计算示意图如图 4.11 所示，图中 ε^{τ} 为每次循环加卸载过程中的残余应变，ε^{e} 为循环加卸载过程中的弹性应变。

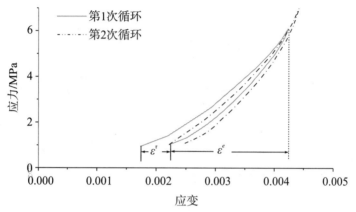

图 4.11　弹性应变与残余应变计算示意图

4.2.3.1　煤－岩结构体弹性应变演化规律

　　图 4.12 为不同岩性煤－岩结构体弹性应变与循环次数的关系曲线。由图可知，弹性应变随循环次数的增加而逐渐增大，且当循环次数相同时，煤－岩高度比越大，煤－岩结构体的弹性应变就越大。这是因为煤－岩高度比越大，煤－岩结构体的弹性模量越小，每次循环载荷作用下产生的弹性应变就越大。

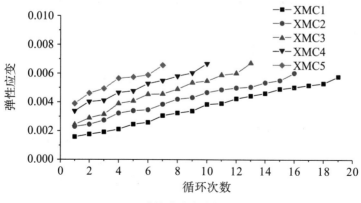

(a)XMC弹性应变与循环次数的关系曲线

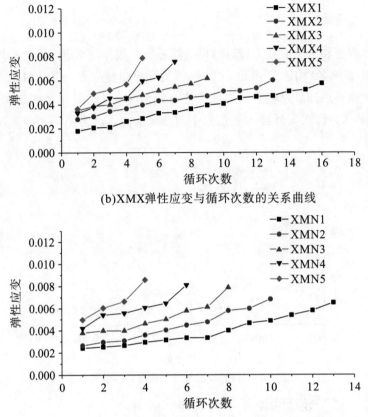

(b)XMX弹性应变与循环次数的关系曲线

(c)XMN弹性应变与循环次数的关系曲线

图 4.12　不同岩性的煤-岩结构体弹性应变与循环次数的关系曲线

　　图 4.13 为不同煤-岩高度比煤-岩结构体弹性应变与循环次数的关系曲线。由图可知，随着循环次数的增加，煤-岩结构体的弹性应变随之增加；当循环次数相同时，弹性应变由大至小为 XMN＞XMX＞XMC，即岩石强度越大，由其构成的煤-岩结构体的弹性应变越小。这是因为岩石强度越大，由其构成的煤-岩结构体的弹性模量越大，每次循环载荷作用下产生的弹性应变越小。

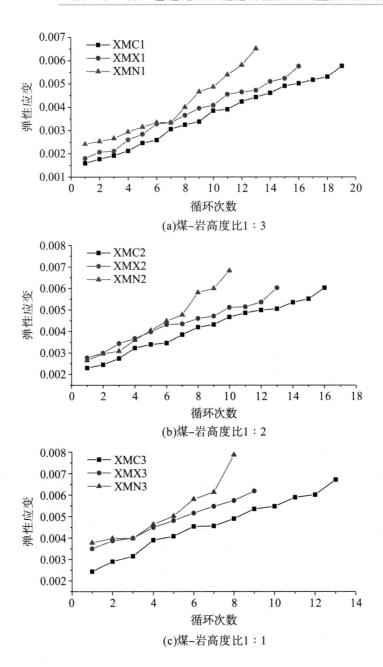

(a)煤-岩高度比1∶3

(b)煤-岩高度比1∶2

(c)煤-岩高度比1∶1

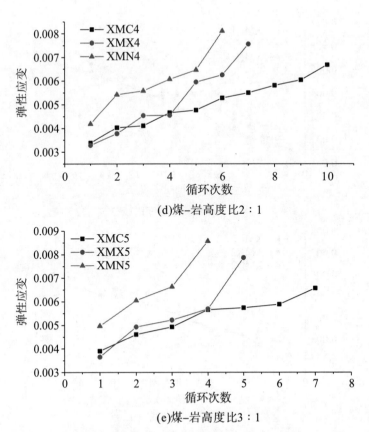

(d)煤-岩高度比2∶1

(e)煤-岩高度比3∶1

图4.13　不同煤-岩高度比煤-岩结构体弹性应变与循环次数的关系曲线

表4.7为不同煤-岩高度比煤-岩结构体的平均弹性应变和总弹性应变。由表可知，当煤-岩高度比相同时，岩石强度越大，由其构成的煤-岩结构体在循环加卸载作用下的平均弹性应变越小，但产生的总弹性应变越大。这主要是因为由强度较大的岩石构成的煤-岩结构体的弹性模量较大，相同载荷作用下产生的弹性应变较小，平均每次循环产生的弹性应变也较小。同时，强度较大的岩石破坏时需要的应力较大，使煤-岩结构体的循环加卸载次数较多，发生破坏时累积的弹性应变较多。当煤-岩结构体的岩石性质相同时，煤-岩高度比越大，煤-岩结构体在循环加卸载作用下的平均弹性应变越大，但产生的总弹性应变越小。这是因为煤-岩高度比较大的煤-岩结构体的弹性模量较小，相同载荷作用下产生的弹性应变较大，平均每次循环产生的弹性应变也较大。同时，煤-岩高度比大的煤-岩结构体破坏时需要的应力较小，使煤-岩结构体的循环加卸载次数较少，发生破坏时累积的弹性应变较少。

表 4.7　不同煤－岩高度比煤－岩结构体的平均弹性应变和总弹性应变

煤－岩高度比	平均弹性应变			总弹性应变		
	XMC	XMX	XMN	XMC	XMX	XMN
1∶3	0.003650	0.003733	0.003971	0.06935	0.05973	0.05126
1∶2	0.004150	0.004344	0.004419	0.66640	0.56470	0.04419
1∶1	0.004608	0.004801	0.005149	0.05990	0.04321	0.04119
2∶1	0.005026	0.005129	0.005972	0.05026	0.03590	0.03583
3∶1	0.005329	0.005472	0.006555	0.03730	0.02736	0.02622

4.2.3.2　煤－岩结构体残余应变演化规律

图 4.14 为岩性煤－岩结构体残余应变与循环次数的关系曲线。由图可知，煤－岩结构体的残余应变主要发生在第 1 次循环过程中，随着循环加卸载进行，煤－岩结构体的残余应变发生较小波动。根据放大的残余应变与循环次数的关系曲线发现，在煤－岩结构体破坏前，残余应变与循环次数的关系曲线存在较大波峰，这主要是煤－岩结构体产生了较大的裂隙或断裂，发生了较大的残余应变，这是引起试件最终破坏的前兆。

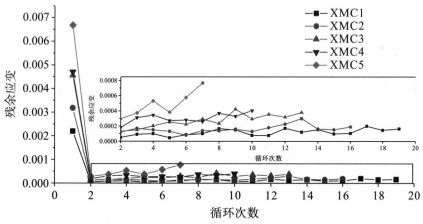

(a)XMC残余应变与循环次数的关系曲线

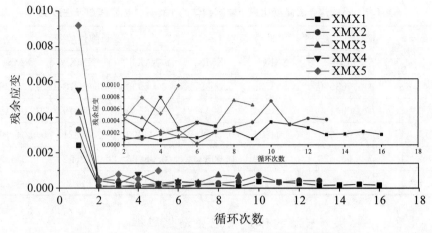

(b)XMX残余应变与循环次数的关系曲线

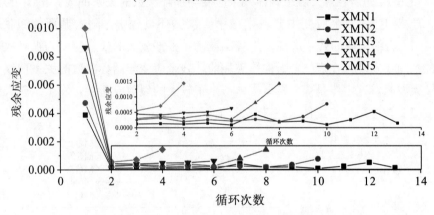

(c)XMN残余应变与循环次数的关系曲线

图 4.14　不同岩性煤-岩结构体残余应变与循环次数的关系曲线

　　对煤-岩结构体在第 1 次循环加卸载产生的残余应变占总残余应变的比例进行计算，结果如图 4.15 所示。由图可知，当构成煤-岩结构体的岩石性质相同时，煤-岩高度比越大，煤-岩结构体在第 1 次循环加卸载结束时产生的残余应变占总残余应变的比例越大。当煤-岩高度比相同时，煤-岩结构体大致遵循（除 XMX3 外）以下规律：岩石强度越大，由其构成的煤-岩结构体在第 1 次循环加卸载结束时产生的残余应变占总残余应变的比例越小。这主要是由于煤-岩高度比越大，其峰值强度越低，在相同载荷作用下产生的残余应变就越大；岩石强度越大，由其构成的煤-岩结构体的强度越大，在相同载荷作用下产生的残余应变就越小。

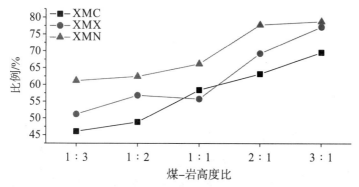

图 4.15　煤－岩结构体第 1 次循环加卸载产生的残余应变占总残余应变的比例

表 4.8 为不同煤－岩高度比煤－岩结构体平均残余应变和总残余应变。由表可知，当煤－岩高度比相同时，由强度较大的岩石构成的煤－岩结构体在循环加卸载作用下的产生的平均残余应变和总残余应变均较小。这是因为较大强度的岩石构成的煤－岩结构体的弹性模量较大，相同载荷作用下产生的残余应变较小。

表 4.8　不同煤－岩高度比煤－岩结构体的平均残余应变和总残余应变

煤－岩高度比	平均残余应变			总残余应变		
	XMC	XMX	XMN	XMC	XMX	XMN
1∶3	0.000226	0.000328	0.000489	0.004297	0.005256	0.006360
1∶2	0.000350	0.000521	0.000760	0.005598	0.006776	0.007596
1∶1	0.000601	0.000853	0.001360	0.007808	0.007679	0.010877
2∶1	0.000745	0.001144	0.001853	0.007452	0.008010	0.011119
3∶1	0.001372	0.002238	0.003180	0.009601	0.011898	0.127190

当煤－岩结构体的岩石性质相同时，煤－岩高度比越大，煤－岩结构体在循环加卸载作用下的平均残余应变和总残余应变越大。这是因为煤－岩高度比较大的煤－岩结构体的弹性模量较小，相同载荷作用下产生的残余应变较大。

4.3　强度对比分析

在循环加卸载作用下，试件内部的原生裂隙伴随着载荷的增加和降低不断张开、闭合，使裂纹不断扩展、贯通，逐渐形成宏观裂纹，直至试件破坏。同时，单轴循环加卸载作用时间比单轴压缩长，裂隙有充足的时间发展，其充分发展会降低试件的强度。图 4.16 为煤—岩结构体在单轴循环加卸载作用下的峰值强度降低率。

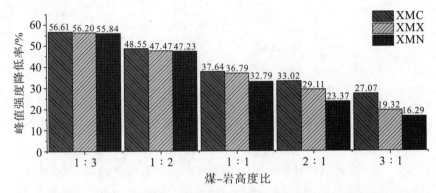

图 4.16　煤—岩结构体在单轴循环加卸载作用下的峰值强度降低率

由图可知，当煤—岩结构体的岩性相同时，峰值强度降低率随着煤—岩高度比的增大而逐渐减小，这是因为煤—岩高度比越小，煤—岩结构体的峰值强度越高，单轴循环加卸载次数越多，煤—岩结构体中裂隙发育、扩展的时间越多，裂隙发展得越充分，则其峰值强度降低率就越大；煤—岩高度比越大，煤—岩结构体的峰值强度越低，单轴循环加卸载次数越少，煤—岩结构体中裂隙发育、扩展的时间越少，裂隙发展相对不充分，则其峰值强度降低率越小。

当煤—岩高度比相同时，岩石强度越大，由其构成的煤—岩结构体在单轴循环加卸载作用下的峰值强度降低率越大；岩石强度越小，由其构成的煤—岩结构体在单轴循环加卸载作用下的峰值强度降低率越小。这是由于强度较高的岩石构成的煤—岩结构体的峰值强度较大，单轴循环加卸载次数多，裂隙发展的时间较多，则其峰值强度降低率更大；强度较小的岩石构成的煤—岩结构体的峰值强度较低，单轴循环加卸载次数少，裂隙发展的时间较少，则其峰值强度降低率较小。

4.4　裂纹演化及破坏特征

4.4.1　裂纹特征对结构体稳定性的影响

岩石内部裂纹特征（倾角、长度、数量及位置）与岩石的变形、破坏密切相关。所以，研究煤－岩结构体内不同裂纹倾角、不同裂纹长度，不同裂纹数量及不同裂纹位置对煤－岩结构体破坏特征及峰值应力的影响，对分析煤层冲刷带内煤－岩结构体失稳破坏具有重要的指导意义。

4.4.1.1　模拟方案

岩石是由细观颗粒组成的，而细观颗粒之间具有一定的黏结强度。PFC 是基于离散元的一种数值分析软件，能够从细观层面研究宏观力学，已经被广泛应用于模拟岩石裂纹、裂隙扩展方面的研究。在 PFC 软件中，数值分析模型由大量颗粒组成，颗粒之间有纯摩擦、接触黏结及平行黏结三种接触方式。本书选用平行黏结模型，因为平行黏结不仅能够传递力，而且能传递弯矩，可以更好地模拟岩石、煤等材料。因此，本书利用 PFC 软件针对不同裂纹特征对煤－岩结构体的峰值应力及破坏特征进行模拟研究，模拟方案见表 4.9。

表 4.9　不同裂隙特征的模拟方案

试验方案	裂隙角度（°）	裂隙长度（mm）	裂隙数量（条）	裂隙中心至底面的距离（mm）
1	15、45、75	0.025	1	0.0250
2	45	0.015、0.025、0.035	1	0.0250
3	45	0.025	1、2、3	0.0250
4	45	0.025	1	0.0088、0.0250、0.0412

由于煤－岩结构体在载荷作用下的破坏首先发生在煤样中，且岩石内部裂隙相对较少，而煤样内部裂隙较为发育，所以裂隙均设置在煤样中。构建的煤－岩结构体模型尺寸为 50mm×100mm，模型上部为岩石，下部为煤，煤－岩高度比为 1∶1。

岩石和煤的细观力学参数是根据标准岩石和煤的弹性模量、泊松比及宏观破坏状态获得的，要不断调整细观力学参数，使模拟结果与试验结果误差最小。岩石和煤的细观力学参数见表 4.10。

表 4.10　岩石和煤的细观力学参数

细观力学参数	岩石	煤
颗粒密度（kg/m³）	2600	1800
半径范围（mm）	0.2～0.3	0.2～0.3

细观力学参数	岩石	煤
摩擦系数	0.15	0.15
接触模量（GPa）	12	4
平行黏结模量（GPa）	12	4
平行黏结法向/切向强度（MPa）	45	16
平行黏结法向/切向刚度	2.5	2.5
平行黏结半径值	1	1

4.4.1.2　模拟结果

不同裂隙特征的模拟结果如图 4.17～图 4.20 所示。在应力作用下，裂纹尖端产生应力集中，当集中应力超过该处材料强度时，裂纹开始朝着主应力方向扩展，使试件最终破坏时的裂纹方向与轴向应力方向平行或近似平行。煤—岩结构体中煤样的破坏程度较大，伴有煤壁外鼓、片帮，甚至破碎块体向外弹射等现象；而岩石的破坏主要是煤样中裂隙向岩石发展而来，沿轴向应力方向形成了较大贯穿裂纹或劈裂破坏。

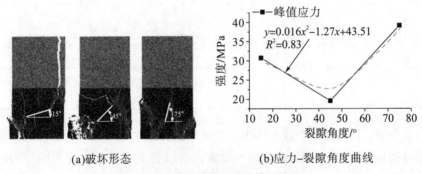

(a)破坏形态　　　　　　(b)应力–裂隙角度曲线

图 4.17　不同裂隙角度的模拟结果

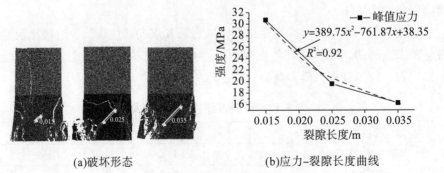

(a)破坏形态　　　　　　(b)应力–裂隙长度曲线

图 4.18　不同裂隙长度的模拟结果

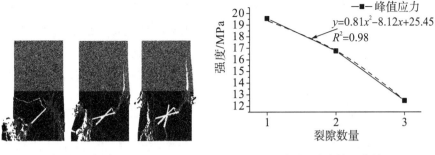

(a)破坏形态　　　　　　　(b)应力–裂隙数量曲线

图 4.19　不同裂隙数量的模拟结果

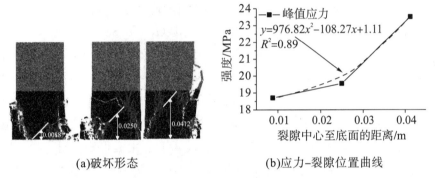

(a)破坏形态　　　　　　　(b)应力–裂隙位置曲线

图 4.20　不同裂隙位置的模拟结果

由图 4.17 可知，裂隙角度越小，裂隙向煤－岩结构体中岩石扩展的深度越大，自煤－岩交界面贯穿至岩石顶部；裂隙角度越大，裂隙在煤－岩结构体煤样中扩展得越充分，向岩石内部扩展相对较短，当裂隙角度为 75°时，裂隙自煤－岩交界面向上扩展约 0.02mm。当裂隙倾角为 45°时，峰值应力最低，说明这一角度更利于裂隙的扩展。

由图 4.18 可知，裂隙长度越短，裂隙向煤－岩结构体中岩石的扩展深度越大，自煤－岩交界面贯穿至岩石顶部，且煤样内部产生的裂隙程度越大。因为裂隙长度越短，在应力作用下其向外扩展的引导作用越小，扩展方向较发散，形成的破坏范围及破坏程度较大；裂隙长度越长，在应力作用下其向外扩展的引导作用越大，裂隙尖端效应越明显，扩展方向大致沿轴向应力方向。但裂隙长度越长，煤－岩结构体峰值应力越低，裂隙长度由 0.015mm 增加至 0.035mm，峰值应力降低了 54.13%。

由图 4.19 可知，裂隙数量越多，煤－岩结构体的破坏程度越大，在尖端产生的裂隙越多，其向岩石扩展的深度越大。裂隙数量越多，煤－岩结构体峰值应力越低，裂隙数量由 1 条增加至 3 条，峰值应力降低了 53.36%。

由图 4.20 可知，当裂隙角度、裂隙长度及裂隙数量一定时，裂隙中心距底面越远，煤-岩结构体中煤样和岩石内产生的裂隙越多，破坏程度越大；裂隙中心距底面越近，破坏主要发生在煤样内，裂隙未扩展至岩石。随着裂隙中心至底面的距离增大，煤-岩结构体峰值应力增大。

4.4.1.3 敏感性分析

根据无纲量敏感因子对各影响因素进行排序，选用的指标为煤-岩结构体峰值应力，影响参数为裂隙角度、裂隙长度、裂隙数量及裂隙中心至底面的距离。对各参数指标变化的关系进行拟合，煤-岩结构体峰值应力与裂隙角度、裂隙长度、裂隙条数及裂隙中心至底面的距离的拟合方程为：

$$y=0.016x^2-1.27x+43.51 \ (R^2=0.83) \tag{4.9}$$

$$y=389.75x^2-761.87x+38.35 \ (R^2=0.92) \tag{4.10}$$

$$y=0.81x^2-8.12x+25.45 \ (R^2=0.98) \tag{4.11}$$

$$y=976.82x^2-108.27x+1.11 \ (R^2=0.89) \tag{4.12}$$

根据式（2.19）及式（4.9）～式（4.12），裂隙角度、裂隙长度、裂隙数量及裂隙中心至底面的距离的敏感因子见表 4.11。由表可知，对于煤-岩结构体峰值应力，裂隙长度的敏感因子最大，其次为裂隙数量，敏感因子最小的是裂隙中心至底面的距离。这说明裂隙长度对煤-岩结构体峰值应力的影响较大，裂隙中心至底面的距离对峰值应力的影响较小。

表 4.11 各影响参数的敏感因子

影响参数	裂隙角度	裂隙长度	裂隙数量	裂隙中心至底面的距离（mm）
敏感因子	0.33	0.95	0.39	0.08

4.4.2 CT 影像

为进一步分析研究煤-岩结构体在循环加卸载作用下的变形破坏过程，在试验开始之前，对煤样进行 CT 扫描，观察其内部裂纹、裂隙分布情况。从 CT 影像可以看出，煤样内均存在不同程度的裂隙发育情况。根据煤-岩结构体内不同裂隙特征的数值模拟结果，煤样裂隙分布情况对煤-岩结构体的峰值应力及失稳破坏具有重要影响。因此，对煤-岩结构体中煤样内裂隙特征进行分析，可为深入研究不同煤-岩结构体的破坏特征提供依据。

图 4.21 为不同煤-岩高度比 XMC 中煤样 CT 影像。由图 4.21（a）可看

出，XMC1、XMC3、XMC4 中煤样均有一条较长的裂隙，且从表面一直延伸至内部；XMC2 煤样表面有一条较短的裂隙；XMC5 中煤样有两条相交裂隙，且均延伸至煤样表面。由图 4.21（b）可看出，XMC1 和 XMC2 中煤样分别有一条较长的竖直裂隙和一条较短的竖直裂隙，较长的竖直裂隙延伸至煤样表面；XMC3 中煤样有两条相交的较长竖直裂隙，两条裂隙分别延伸至煤样上下表面，在其右侧还有一条较短的竖直裂隙；XMC4 中煤样有两条竖直的相交裂隙，其中较长的裂隙延伸至煤样底面；XMC5 中煤样有一条从煤样顶部延伸至内部的较短倾斜裂隙。

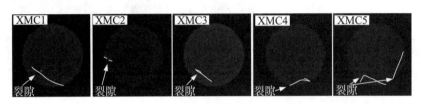

(a)俯视图

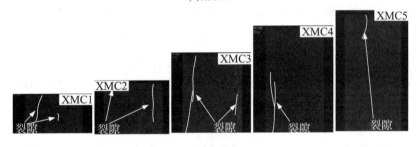

(b)剖面图

图 4.21　不同煤－岩高度比 XMC 中煤样 CT 影像

图 4.22 为不同煤－岩高度比 XMX 中煤样 CT 影像。由图 4.22（a）可知，XMX1 和 XMX2 中煤样有两条延伸至表面的较长裂隙，且在两条较长裂隙附近有多条较短裂隙；XMX3 和 XMX4 中煤样有一条沿煤样边缘的较长裂隙；XMX5 中煤样表面有一条较短裂隙。由图 4.22（b）可知，XMX1 中煤样左侧有一条从顶部倾斜向下的较长裂隙，裂隙延伸至煤样表面；XMX2 中煤样有两条距离较近且近似平行的裂隙；XMX3 中煤样有一条水平的较长裂隙，但两侧没有延伸至煤样表面；XMX4 中煤样有一条竖直向下的较长裂隙和一条倾斜的较短裂隙，且较长裂隙从煤样顶部倾斜向下延伸至左侧面；XMX5 中煤样有三条较短裂隙，最短裂隙在煤样表面，没有向内部延伸，另两条裂隙在煤样内部呈竖直分布。

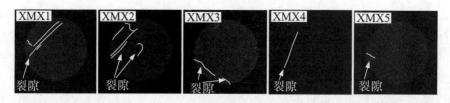

(a)俯视图

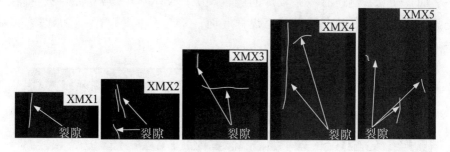

(b)剖面图

图 4.22　不同煤-岩高度比 XMX 中煤样 CT 影像

图 4.23 为不同煤-岩高度比 XMN 中煤样 CT 影像。由图 4.23（a）可知，XMN1 和 XMN2 中煤样分别有一条较长裂隙和一条较短裂隙，且较长裂隙均横跨煤样；XMN3 和 XMN5 中有两条较长裂隙，但没有延伸至煤样表面；XMN4 中有一条横跨煤样的较长裂隙，同时夹杂大量夹矸（图中虚线）。由图 4.23（b）所示，XMN1 和 XMN2 中煤样有一条从顶部倾斜向下的较长裂隙；XMN3 中煤样有两条裂隙，一条较长裂隙从底部延伸至顶部，另一条裂隙从底部延伸至中部；XMN4 中煤样有两条裂隙，一条较长裂隙由顶部延伸至内部，另一条较短裂隙由侧面延伸至内部，煤样内部含有大量夹矸，并在左侧有一条夹矸带；XMN5 中有两条裂隙，均未延伸至表面。

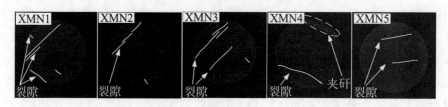

(a)俯视图

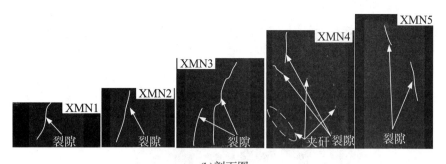

(b)剖面图

图 4.23　不同煤－岩高度比 XMN 中煤样 CT 影像

4.4.3　裂纹演化时间参数

根据煤－岩结构体中煤样的 CT 影像，结合 DVC 系统，对不同岩性及不同煤－岩高度比的煤－岩结构体在循环加卸载作用下的破坏过程进行研究分析，如图 4.24～图 4.26 所示。

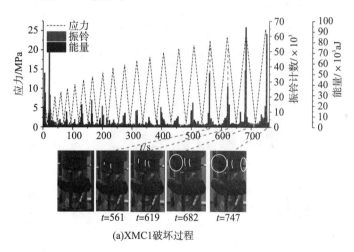

(a)XMC1破坏过程

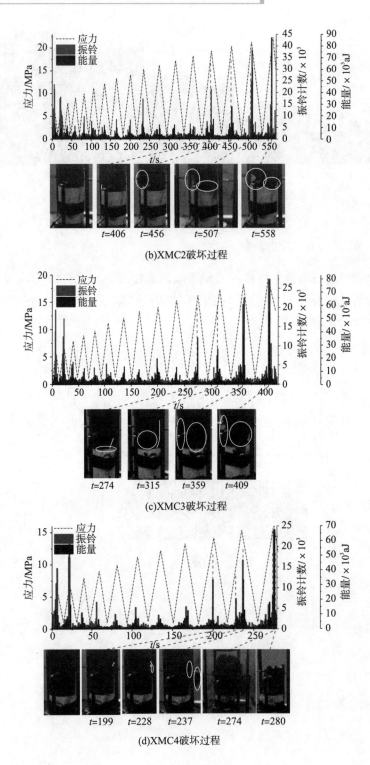

(b)XMC2破坏过程

(c)XMC3破坏过程

(d)XMC4破坏过程

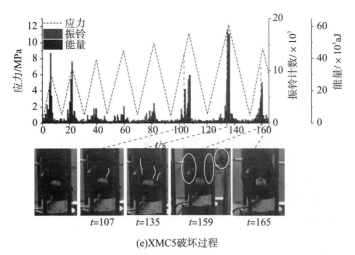

(e)XMC5破坏过程

图 4.24　XMC 破坏过程

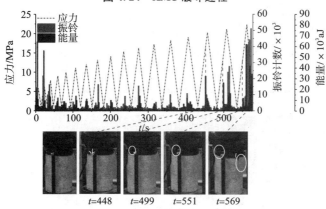

(a)XMX1破坏过程

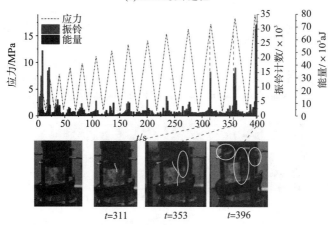

(b)XMX2破坏过程

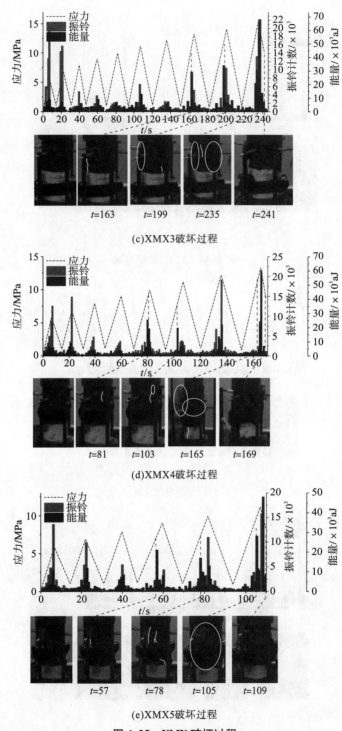

(c)XMX3破坏过程

(d)XMX4破坏过程

(e)XMX5破坏过程

图 4.25　XMX 破坏过程

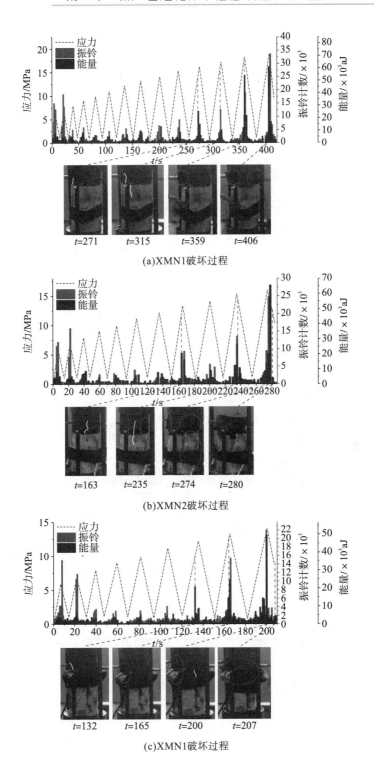

(a)XMN1破坏过程

(b)XMN2破坏过程

(c)XMN1破坏过程

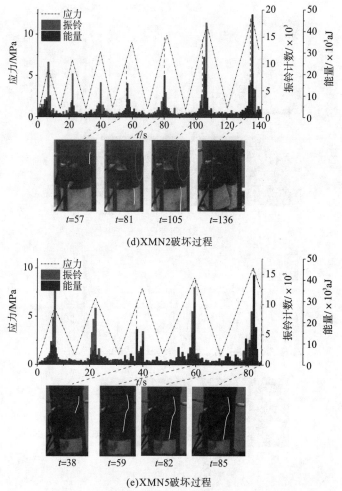

(d)XMN2破坏过程

(e)XMN5破坏过程

图 4.26　XMN 破坏过程

　　由图可知，煤-岩结构体在循环加卸载作用下的裂隙首先出现在煤样内，随着循环载荷及循环次数的增加，裂隙长度变长，裂隙数量逐渐增多。当裂隙数量和裂隙长度增加到一定程度后，煤样发生煤壁外鼓、片帮，伴有煤块向外弹射等现象。

　　对煤-岩结构体中煤样出现宏观裂隙的时间进行统计，将第一条宏观裂隙出现的时间记为 t_0，第一条宏观裂隙出现至煤-岩结构体破坏的时间（即裂隙扩展时间）记为 t_1，循环加卸载总时间记为 t_a。不同煤-岩结构体裂隙扩展时间特征见表 4.12~表 4.14。

表 4.12 XMC 裂隙扩展时间特征

煤－岩结构体	$t_a(s)$	$t_0(s)$	$t_1(s)$
XMC1	760	561	199
XMC2	574	406	168
XMC3	422	274	148
XMC4	280	199	81
XMC5	164	107	57

表 4.13 XMX 裂隙扩展时间特征

煤－岩结构体	$t_a(s)$	$t_0(s)$	$t_1(s)$
XMX1	571	448	123
XMX2	400	311	89
XMX3	246	163	83
XMX4	170	81	89
XMX5	109	57	52

表 4.14 XMN 裂隙扩展时间特征

煤－岩结构体	$t_a(s)$	$t_0(s)$	$t_1(s)$
XMN1	419	271	148
XMN2	286	163	123
XMN3	210	132	78
XMN4	143	57	86
XMN5	86	38	48

由表可知，当构成煤－岩结构体的岩石性质相同时，煤－岩高度比越大，t_0 越小，即第一条宏观裂隙出现的时间越早。当煤－岩高度比相同时，构成煤－岩结构体的岩石强度越大，t_0 越大，即第一条宏观裂隙出现的时间越晚。因为煤－岩高度比大，煤－岩结构体内煤样所占体积比例较大，相同应力作用下集聚的能量较多，其能较快达到裂纹尖端扩展条件时，裂纹开始扩展。岩石强度越大，相同应力作用下集聚的能量较少，而裂纹尖端向外扩展所需能量较大，故第一条宏观裂隙出现的时间较晚。

设 T_0 为第一条宏观裂隙出现时间占比，表示第一条宏观裂隙出现的时间与循环加卸载总时间之比；T_1 为裂隙扩展时间占比，表示裂隙扩展时间与循环加卸载总时间之比。T_0、T_1 能够在一定程度上反映裂隙扩展快慢，计算公式为：

$$T_0 = t_0/t_a \qquad (4.13)$$
$$T_1 = t_1/t_a \qquad (4.14)$$

根据式（4.13）、式（4.14）绘制不同煤—岩高度比的煤—岩结构体裂隙扩展时间占比，如图 4.27 所示。由图可知，当煤—岩结构体的岩石性质相同时，T_0 随煤—岩高度比的增大呈降低趋势（除 XMC4 和 XMN3 较高外），T_1 随着煤—岩高度比的增大呈升高趋势（除 XMC4 和 XMN3 较低外）。

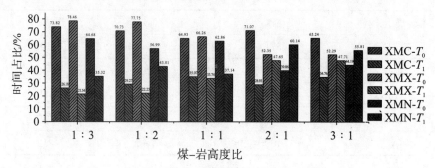

图 4.27　不同煤—岩结构体裂隙扩展时间占比

当煤—岩高度比为 1∶1 时，XMC、XMX 和 XMN 之间的 T_0 和 T_1 比较接近；当煤—岩高度比小于 1 时，T_0 由大至小为 XMX>XMC>XMN，T_1 由大至小为 XMN>XMC>XMX；当煤—岩高度比大于 1 时，T_0 由大至小为 XMC>XMX>XMN，T_1 由大至小为 XMN>XMX>XMC。

4.4.4　起裂应力特征

根据 3.3 节对起裂应力及起裂应力水平的描述，得到各煤—岩结构体起裂应力 σ_{ci} 和起裂应力水平 K，见表 4.15。

表 4.15　煤—岩结构体起裂应力和起裂应力水平

试件名称	起裂应力（MPa）	起裂应力水平（%）	试件名称	起裂应力（MPa）	起裂应力水平（%）	试件名称	起裂应力（MPa）	起裂应力水平（%）
XMC1－1	22.42	88.20	XMX1－1	15.10	75.00	XMN1－1	13.60	74.00
XMC1－2	18.99	81.00	XMX1－2	17.11	79.00	XMN1－2	13.62	71.00
XMC1－3	21.45	88.00	XMX1－3	18.34	75.57	XMN1－2	13.71	65.47
XMC1 平均值	20.95	85.83	XMX1 平均值	16.85	76.52	XMN1 平均值	13.65	69.98
XMC2－1	18.18	81.00	XMX2－1	12.93	68.00	XMN2－1	9.50	62.00

续表

试件名称	起裂应力 （MPa）	起裂应力 水平（%）	试件名称	起裂应力 （MPa）	起裂应力 水平（%）	试件名称	起裂应力 （MPa）	起裂应力 水平（%）
XMC2－2	14.13	77.00	XMX2－2	11.95	69.00	XMN2－2	10.58	66.08
XMC2－3	19.36	79.84	XMX2－3	14.37	71.42	XMN2－2	9.84	63.00
XMC2 平均值	17.22	79.44	XMX2 平均值	13.08	69.51	XMN2 平均值	9.97	63.73
XMC3－1	14.26	74.39	XMX3－1	9.63	63.00	XMN3－1	7.16	55.00
XMC3－2	11.35	70.00	XMX3－2	8.85	65.00	XMN3－1	7.89	56.00
XMC3－3	13.14	69.00	XMX3－3	10.03	52.08	XMN3－2	9.83	58.30
XMC3 平均值	12.91	71.20	XMX3 平均值	9.50	59.21	XMN3 平均值	8.29	56.57
XMC4－1	12.11	71.36	XMX4－1	8.31	59.40	XMN4－1	12.12	74.31
XMC4－2	9.86	65.00	XMX4－2	6.46	50.00	XMN4－2	6.21	51.00
XMC4－3	10.74	68.00	XMX4－3	7.24	58.00	XMN4－3	7.13	59.00
XMC4 平均值	10.90	68.23	XMX4 平均值	7.34	55.89	XMN4 平均值	8.49	62.77
XMC5－1	9.19	74.65	XMX5－1	5.06	51.00	XMN5－1	4.70	51.00
XMC5－2	7.78	66.00	XMX5－2	6.42	57.27	XMN5－2	6.25	56.36
XMC5－3	6.36	61.00	XMX5－	5.34	50.00	XMN5－3	4.17	49.00
XMC5 平均值	7.78	67.56	XMX5 平均值	5.61	52.86	XMN5 平均值	5.04	52.45

图 4.28 为煤－岩结构体在循环加卸载作用下平均起裂应力的变化曲线。由图 4.28（a）可知，当构成煤－岩结构体的岩石性质相同时，其平均起裂应力随着煤－岩高度比的增大而逐渐减小。煤－岩高度比由 1∶3 增加至 3∶1，XMC、XMX 及 XMN 的平均起裂应力分别降低了 62.88%、66.72% 及 63.06%。由 4.28（b）可知，当煤－岩高度比相同时，岩石强度越低，由其构成的煤－岩结构体的平均起裂应力越小。当煤－岩高度比分别为 1∶3、1∶2、1∶1、2∶1 及 3∶1 时，MN 结构体起裂应力比 MC 结构体起裂应力分别降低了 34.87%、42.09%、35.78%、22.16% 及 35.18%。

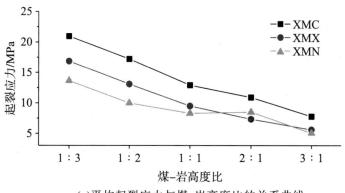

(a)平均起裂应力与煤–岩高度比的关系曲线

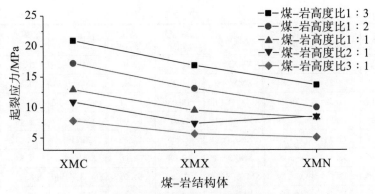

(b)平均起裂应力与煤-岩结构体的关系曲线

图 4.28 平均起裂应力的变化曲线

对煤-岩结构体的平均起裂应力与煤-岩高度比的关系进行函数拟合，XMC、XMX 及 XMN 的平均起裂应力与煤-岩高度比的拟合方程分别为：

$$y=-4.32x+19.85 \ (R^2=0.82) \tag{4.15}$$

$$y=-3.66x+15.49 \ (R^2=0.77) \tag{4.16}$$

$$y=-2.42x+12.40 \ (R^2=0.68) \tag{4.17}$$

岩石强度越小，由其构成的煤-岩结构体平均起裂应力与煤-岩高度比拟合函数斜率的绝对值越小。这说明岩石强度越小，由煤-岩高度比增大而引起的峰值强度变化越小。

当煤-岩高度比分别为 1∶3、1∶2、1∶1、2∶1 及 3∶1 时，平均起裂应力与煤-岩强度比的拟合方程分别为：

$$y=-75.31x+32.94 \ (R^2=0.95) \tag{4.18}$$

$$y=-74.64x+29.08 \ (R^2=0.93) \tag{4.19}$$

$$y=-46.63x+20.02 \ (R^2=0.74) \tag{4.20}$$

$$y=-22.20x+13.56 \ (R^2=0.61) \tag{4.21}$$

$$y=-27.42x+11.89 \ (R^2=0.77) \tag{4.22}$$

煤-岩结构体平均起裂应力与煤-岩强度比拟合函数斜率的绝对值随煤-岩高度比的增大呈降低趋势（除高度比为 3∶1 时）。这说明煤-岩高度比越大，由岩石性质差异引起的平均起裂应力变化越小。

图 4.29 为煤-岩结构体平均起裂应力水平的变化曲线。由图可知，当构成煤-岩结构体的岩石性质相同时，随煤-岩高度比增大，煤-岩结构体平均起裂应力水平呈降低趋势。这说明煤-岩高度比越大，煤-岩结构体在循环加卸载作用下的平均起裂应力占峰值应力的比例越小，煤-岩结构体的非均匀性

越强。

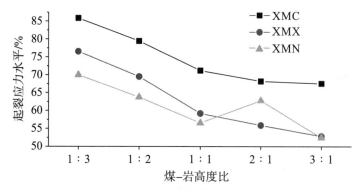

(a)平均起裂应力水平与煤-岩高度比的关系曲线

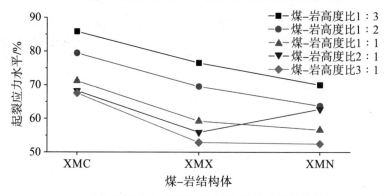

(b)平均起裂应力水平与煤-岩结构体的关系曲线

图 4.29　平均起裂应力水平的变化曲线

当煤-岩高度比相同时，随着岩石强度变小，由其构成的煤-岩结构体平均起裂应力水平呈降低趋势。这说明岩石强度越小，由其构成的煤-岩结构体在循环加卸载作用下的平均起裂应力占峰值应力的比例越小，煤-岩结构体的非均匀性越强。

当煤-岩高度比为 2∶1 时，XMN 的平均起裂应力水平突然增大，这是因为 XMN4-1 中煤样夹矸较多，使其起裂应力较大，所以平均起裂应力水平相对较高。

4.4.5　煤-岩结构体破坏形态

在单轴循环加卸载作用下，XMC、XMX 及 XMN 均发生不同程度的破坏，且破坏均首先发生在煤样内，结合裂纹特征对煤-岩结构体稳定性的影响和 CT 影像，选择具有代表性的煤-岩结构体破坏形态进行分析。煤-岩结构体破坏形态如图 4.30 所示。

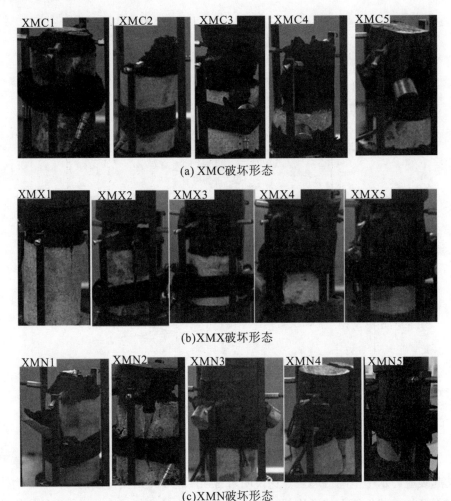

(a) XMC破坏形态

(b)XMX破坏形态

(c)XMN破坏形态

图 4.30　煤－岩结构体破坏形态

图 4.30（a）为不同煤－岩高度比 XMC 破坏形态。由图可知，XMC 发生了不同程度的破坏，其中以煤样破坏最为严重。XMC1 中煤样的破碎程度较大，碎屑较粉碎。XMC2 中煤样的破碎程度较高，碎屑体积较小，并伴有片帮破坏。XMC3 和 XMC4 中煤样主要发生劈裂破坏，伴有片帮，破碎程度较高。XMC5 中煤样主要发生轴向劈裂破坏，伴有煤壁外鼓现象。XMC 中岩石没有发生破坏。

图 4.30（b）为不同煤－岩高度比 XMX 破坏形态。由图可知，XMX 中煤样和岩石均发生了不同程度的破坏，其中以煤样破坏最为严重。XMX1 中煤

样发生轴向劈裂破坏，破碎程度较大，碎屑体积较小；岩石在煤－岩交界面处发生局部破裂，劈裂长度约为 20mm。XMX2 中煤样也发生轴向劈裂破坏，在煤样右侧发生片帮，破坏面积较大；岩石在煤－岩交界面处产生一条由上至下的宏观裂隙，裂隙长度约为 41mm。XMX3 中煤样也发生轴向劈裂破坏，在煤样正面发生片帮，右侧产生较多裂隙；岩石在煤－岩交界面处产生一条较小裂隙。XMX4 中煤样发生轴向劈裂破坏，伴有片帮破坏；岩石没有发生破坏。XMX5 中煤样发生轴向劈裂破坏，伴有煤壁外鼓；岩石没有发生破坏。

图 4.30（c）为不同煤－岩高度比 XMN 破坏形态。由图可知，XMN 中煤样和岩石均发生了不同程度的破坏。XMN1 中煤样主要发生轴向劈裂破坏，破坏程度较大；岩石在煤－岩交界面处发生局部劈裂破坏。XMN2 中煤样主要发生轴向劈裂破坏，伴有片帮破坏；岩石在煤－岩交界面处发生劈裂破坏，劈裂面积较大。XMN3 中煤样主要发生轴向劈裂破坏，伴有 X 型共轭剪切破坏；岩石在煤－岩交界面处产生一条自上而下的裂隙。XMN4 中煤样和岩石都发生轴向劈裂破坏，煤样伴有局部片帮。XMN5 中煤样主要发生劈裂破坏，伴有煤壁外鼓；岩石发生轴向劈裂破坏。

综上可得，煤－岩结构体中煤样主要发生轴向劈裂破坏，伴有片帮、煤壁外鼓等现象；岩石主要在煤－岩交界面处发生破坏，沿煤－岩交界面向岩石内部扩展，形成劈裂破坏或片帮。

但当构成煤－岩结构体的岩石性质相同时，煤－岩高度比越小，煤－岩结构体中煤样的破坏程度越大，碎屑体积越小；煤－岩高度比越大，煤－岩结构体中煤样的破坏程度越小。这是因为煤－岩高度比越小，煤－岩结构体中岩石高度越高，产生相同应变时集聚的能量越多，煤－岩结构体失稳破坏时，集聚在岩石内的能量向外释放，进一步加剧了煤样的破坏程度。同时，煤－岩高度比越小，岩石占煤－岩结构体的体积比例越大，相同载荷作用下的能量越多，循环次数越多，在循环加卸载作用下裂隙发展更充分，破碎程度更大，碎屑体积更小。

当煤－岩高度比相同时，由强度较大的岩石构成的煤－岩结构体中的煤样的破碎程度较大，碎屑体积较小；由强度较小的岩石构成的煤－岩结构体中的煤样的破碎程度相对较小。这是因为岩石强度较大，产生相同应变时集聚的能量较多，当煤－岩结构体发生失稳时，集聚在岩石内的能量向外释放，加剧了煤样的破坏程度。同时，由强度较大的岩石构成的煤－岩结构体的强度较大，在循环加卸载作用下集聚较多的能量，循环次数较多，有利于裂隙的充分扩展、发育，使煤样的破坏程度大，碎屑体积小。

对比单轴循环加卸载与单轴压缩下煤-岩结构体的破坏形态发现，煤-岩结构体中煤样在单轴压缩试验中的破坏是其内部几条较大裂纹扩展、贯通的结果，在单轴循环加卸载试验中的破坏是裂纹相互贯通、交错的结果，且破坏后的碎块体积小，说明单轴循环加卸载为微裂纹的发育提供了空间上的保证。另外，单轴循环加卸载试验时间长，微裂纹有充分的时间发展，使煤-岩结构体中煤样的裂隙更多，裂纹扩展范围更大。煤-岩结构体中岩石在单轴循环加卸载作用下的破坏较少，只在部分出现劈裂破坏，说明煤-岩结构体中的煤样是首先破裂体，是控制组合试件强度的主要因素。分析岩石的破坏特征可知，其破坏可能是煤样中裂纹快速扩展与弹性变形能突然释放所致，是能量驱动下的失稳破坏。

第5章 煤-岩结构体在循环加卸载作用下的能量演化规律及损伤特征

煤矿的开采、掘进等工程活动都伴随着能量的集聚和释放。岩石的变形破坏也是能量驱动下的一种状态失稳现象。煤-岩结构体是由多种不同性质的岩层构成的，每种岩石集聚和释放能量的能力不同，由不同岩性和不同煤-岩高度比构成的煤-岩结构体对能量的集聚和释放能力也存在一定差异。现阶段，许多学者的研究主要集中在煤、岩单体的能量演化规律，对煤-岩结构体的能量演化规律研究较少，对煤-岩结构体在循环加卸载作用下的能量演化规律研究更少。

本章从能量角度研究煤层冲刷带内不同煤-岩结构体在循环加卸载过程中的能量演化规律、破坏特征及损伤特征，深入揭示煤层冲刷带内煤-岩结构体破坏的内在机理，进一步丰富和深化对煤-岩系统失稳破坏的认识，为煤矿安全施工提供借鉴和参考，对预防冲击地压等动力灾害事故具有重要指导意义。

5.1 煤-岩结构体的能量计算

岩石从变形到破坏都伴随能量的输入、集聚、耗散、释放，从能量角度去分析岩石变形破坏过程中的能量传递、转化，能更好地发现岩石失稳破坏的本质问题。岩石在载荷作用下发生变形，假设该物理过程与外界没有热交换，由载荷作用而产生的总输入能量为U，根据热力学第一定律可得：

$$U=U_d+U_e \tag{5.1}$$

式中，U_e为可释放弹性变形能；U_d为耗散能，用于岩石内部损伤和塑性变形。

在加载过程中，总能量增加，以储存弹性变形能为主，释放塑性变形能为辅；在卸载过程中，储存的弹性变形能向外释放，塑性变形能被消耗。循环加卸载应力-应变曲线如图 5.1 所示，可用来表征循环加卸载过程中的能量变化，加载曲线下的面积为第 i 次循环中试件的输入能量 u_i，卸载曲线下的面积为该次循环产生的弹性变形能 u_{ie}，两者之差为该次循环产生的耗散能 u_{id}，计算公式为：

$$u_i = \int_O^{\varepsilon_i} \sigma \mathrm{d}\varepsilon \tag{5.2}$$

$$u_{ie} = \int_{\varepsilon_{ie}}^{\varepsilon_i} \sigma \mathrm{d}\varepsilon \tag{5.3}$$

$$u_{id} = u_i - u_{ie} \tag{5.4}$$

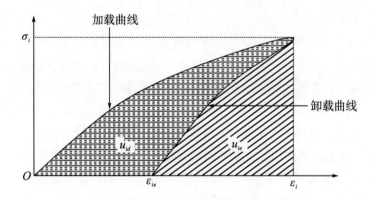

图 5.1 循环加卸载应力-应变曲线

5.2 煤-岩结构体能量演化规律

根据式（5.2）~式（5.4），分别计算不同煤-岩结构体在单轴循环加卸载过程中的弹性变形能和耗散能。由于煤-岩结构体是在加载过程中破坏，最后一次循环加卸载过程中，加载曲线与卸载曲线没有形成封闭区间，因此在最后一次加载过程中无法计算相应的弹性变形能和耗散能。

5.2.1 煤-岩结构体弹性变形能演化规律

图 5.2 为 XMC、XMX 及 XMN 弹性变形能与循环次数的关系曲线。由图可知，随着循环次数增加，煤-岩结构体产生的弹性变形能逐渐增大；当循环次数

相同时，煤－岩高度比大的煤－岩结构体产生的弹性变形能多。因为煤－岩高度比大的煤－岩结构体中煤所占体积比例较大，在相同载荷作用下产生的弹性变形较大，能够集聚较多弹性变形能，使煤－岩结构体也能产生较多的弹性变形能。

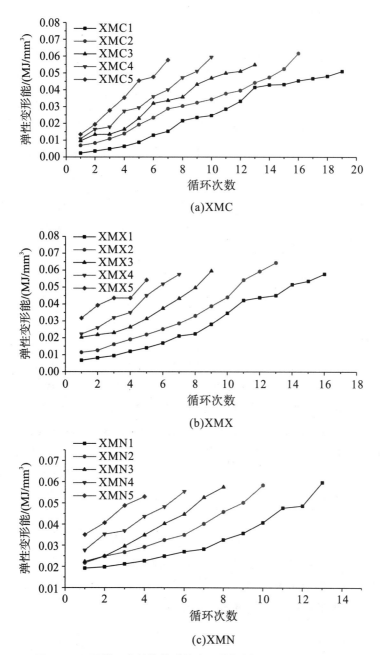

图 5.2　不同煤－岩结构体弹性变形能与循环次数的关系曲线

对循环加卸载过程中不同煤-岩高度比煤-岩结构体的平均弹性变形能及总弹性变形能进行统计，结果见表 5.1。由表可知，当构成煤-岩结构体的岩石性质相同时，煤-岩高度比越大，煤-岩结构体平均每次循环产生的弹性变形能越大，但总弹性变形能越小；煤-岩高度比越小，煤-岩结构体平均每次循环产生的弹性变形能越小，但总弹性变形能越大。这是因为煤-岩高度比小的煤-岩结构体强度较大，在循环加卸载作用下平均每次循环产生的弹性变形能较小，但其循环次数较多，所以累积的总弹性变形能较大；煤-岩高度比大的煤-岩结构体强度较小，在循环加卸载作用下平均每次循环产生的弹性变形能较大，但其循环次数较少，所以累积的总弹性变形能较小。

表 5.1 不同煤-岩高度比煤-岩结构体的平均弹性变形能和总弹性变形能

煤-岩高度比	平均弹性变形能（MJ/mm³）			总弹性变形能（MJ/mm³）		
	XMC	XMX	XMN	XMC	XMX	XMN
1∶3	0.0265	0.0292	0.0310	0.5040	0.4672	0.4077
1∶2	0.0307	0.0330	0.0368	0.4912	0.4284	0.3682
1∶1	0.0325	0.0348	0.0375	0.4231	0.3130	0.3003
2∶1	0.0336	0.0385	0.0412	0.3355	0.2696	0.2470
3∶1	0.0352	0.0425	0.0444	0.2467	0.2124	0.1775

当煤-岩高度比相同时，岩石强度越大，由其构成的煤-岩结构体平均每次循环产生的弹性变形能越小，但总弹性变形能越大；岩石强度越小，由其构成的煤-岩结构体平均每次循环产生的弹性变形能越大，但总弹性变形能越小。这是由强度较大的岩石构成的煤-岩结构体的强度较大，在循环加卸载作用下平均每次循环产生的弹性变形能较少，但其循环次数较多，使累积的总弹性变形能较大；由强度较小的岩石构成的煤-岩结构体的强度较小，在循环加卸载作用下平均每次循环产生的弹性变形能较大，但其循环次数较少，使累积的总弹性变形能较小。

图 5.3 为不同煤-岩高度比煤-岩结构体的弹性变形能与循环次数的关系曲线。由图可知，当循环次数相同时，岩石强度越小，由其构成的煤-岩结构体产生的弹性变形能越大。因为在相同应力作用下，岩石强度越小，其产生的应变越大，集聚的弹性变形能越多。

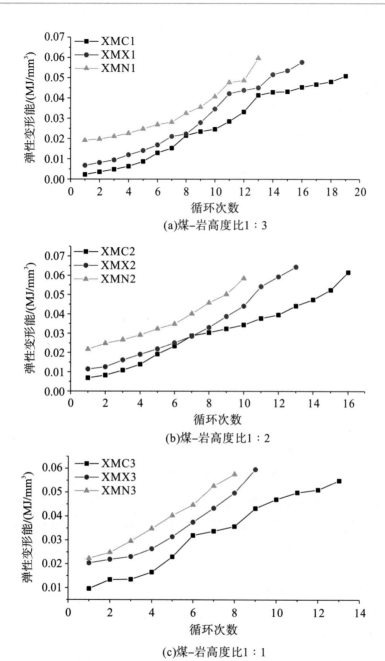

(a)煤－岩高度比1∶3

(b)煤–岩高度比1∶2

(c)煤–岩高度比1∶1

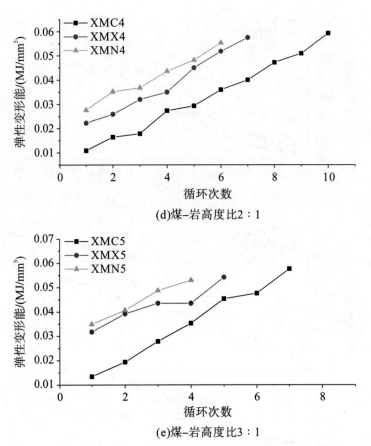

(d)煤-岩高度比2∶1

(e)煤-岩高度比3∶1

图 5.3   不同煤-岩高度比煤-岩结构体的弹性变形能与循环次数的关系曲线

对煤-岩结构体弹性变形能增加率进行统计，结果见表 5.2。由表可知，当煤-岩高度比相同时，岩石强度越大，由其构成的煤-岩结构体在循环加卸载作用下的弹性变形能增加率越大；岩石强度越小，由其构成的煤-岩结构体在循环加卸载作用下的弹性变形能增加率越小。这是因为构成 XMC 的粗砂岩峰值强度较高，在循环加卸载初期较小载荷作用下产生的弹性变形能较少，但其发生破坏时需要的载荷较大，所以循环次数较多，发生失稳破坏时产生的弹性变形能较多，循环加卸载初期的弹性能与破坏时的差异较大，则弹性变形能增加率较大。而构成 XMN 的泥岩峰值强度较低，在循环加卸载初期较小载荷作用下产生的弹性变形能较多，但其发生破坏时需要的载荷较小，循环次数较少，发生失稳破坏时产生的弹性变形能较少，循环加卸载初期的弹性变形能与破坏时的差异较小，则弹性变形能增加率较小。

表 5.2　煤－岩结构体弹性变形能增加率

煤－岩结构体	弹性变形能增加率（％）				
	煤－岩高度 比 1∶3	煤－岩高度 比 1∶2	煤－岩高度 比 1∶1	煤－岩高度 比 2∶1	煤－岩高度 比 3∶1
XMC	2122.71	798.25	470.17	447.00	329.88
XMX	753.99	463.34	192.97	158.88	70.90
XMN	398.03	217.07	160.36	100.72	51.63

当构成煤－岩结构体的岩石性质相同时，煤－岩高度比越小，煤－岩结构体在循环加卸载作用下的弹性变形能增加率越大。这主要是由于煤－岩高度比越小，煤－岩结构体中岩石高度较大，循环加卸载初期较小载荷作用下产生的弹性变形能较少，但其发生破坏时需要的载荷较大，循环次数多，发生破坏时产生的弹性变形能较多，循环加卸载初期的弹性变形能与破坏时的差异较大，所以弹性变形能增加率较大。

5.2.2　煤－岩结构体耗散能演化规律

图 5.4 为 XMC、XMX 及 XMN 的耗散能与循环次数的关系曲线。

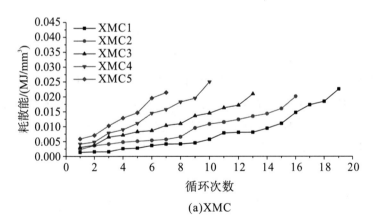

(a)XMC

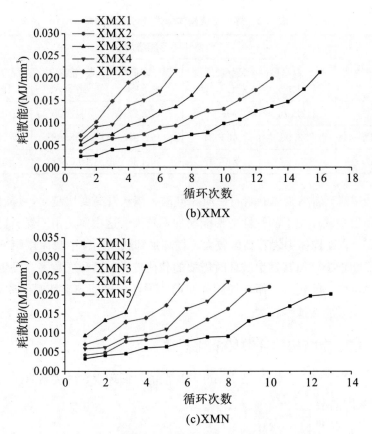

(b)XMX

(c)XMN

图5.4　煤-岩结构体的耗散能与循环次数的关系曲线

由图可知，煤-岩结构体耗散能随循环次数的增加而增大。根据耗散能与循环次数的关系，其变化过程分为三个阶段：第一阶段，煤-岩结构体耗散能增长较缓慢，主要是煤样内原生微裂纹、孔隙等逐渐被压实、闭合，煤-岩结构体的变形能力降低，残余变形较小，耗散能增长较为缓慢。第二阶段，煤-岩结构体耗散能呈"台阶"式或"跳动"式增长趋势，因为随着循环次数增加，煤样内部原生裂纹尖端开始逐渐向外发育、扩展，在煤-岩结构体内薄弱部位开始产生新的微裂纹，耗散能逐渐增大。随着循环加卸载的继续，煤样内部微裂纹之间开始相互贯通，并逐渐形成较小宏观裂纹，耗散能突然变大，出现"台阶"式增长。第三阶段，煤-岩结构体耗散能快速增长，随着循环次数增加，煤样内部宏观裂纹相互贯通、扩展，形成较大的宏观裂纹，煤-岩结构体变形速度加快，残余应变增大速度变快，耗散能增长迅速。

当循环次数相同时，煤-岩高度比越大，煤-岩结构体产生的耗散能越多。随着煤-岩高度比增大，煤样在煤-岩结构体中所占体积比例增大，岩石在结构体中所占体积比例减小，煤样内存在大量孔隙、裂隙和节理等非连续结构，且分布极不均匀，在循环加卸载作用下，煤样裂隙发育、扩展，产生较多的耗散能，而岩石内的孔隙、裂隙和节理相对较少，在循环加卸载作用下产生的耗散能较少。所以，随着煤－岩高度比的增加，煤－岩结构体的耗散能也增大。

对循环加卸载过程中不同煤－岩高度比煤－岩结构体的平均耗散能及总耗散能进行统计，结果见表 5.3。由表可知，当构成煤－岩结构体的岩石性质相同时，煤－岩高度比越大，煤－岩结构体在循环加卸载作用下平均每次循环产生的耗散能越大，总耗散能越小；煤－岩高度比越小，煤－岩结构体在循环加卸载作用下平均每次循环产生的耗散能越小，总耗散能越大。由于煤－岩高度比越小，煤－岩结构体中岩石的高度较大，相同载荷作用下岩石产生的残余应变较小，则平均每次循环产生的耗散能较少；高度较大的岩石发生失稳破坏，需要的载荷相应较大，循环次数较多，发生破坏时累积的总耗散能较多。煤－岩高度比越大，煤－岩结构体中岩石的高度较小，相同载荷作用下岩石产生的残余应变较大，则平均每次循环产生的耗散能较多；高度较小的岩石发生失稳破坏，需要的载荷相应较小，循环次数较少，发生破坏时累积的总耗散能较少。

表 5.3　不同煤－岩高度比的煤－岩结构体平均耗散能和总耗散能

煤－岩高度比	平均耗散能（MJ/mm³）			总耗散能（MJ/mm³）		
	XMC	XMX	XMN	XMC	XMX	XMN
1∶3	0.006404	0.008823	0.010402	0.1500	0.1412	0.1352
1∶2	0.009140	0.010558	0.011766	0.1462	0.1373	0.1177
1∶1	0.010882	0.011343	0.012451	0.1415	0.1021	0.0996
2∶1	0.012994	0.013186	0.013950	0.1299	0.0923	0.0837
3∶1	0.013107	0.014452	0.016335	0.0918	0.0723	0.0653

当煤－岩高度比相同时，岩石强度越大，相同载荷作用下产生的残余应变越小，平均每次循环产生的耗散能越小，强度越大的岩石发生失稳破坏需要的载荷越大，使得循环次数多，发生破坏时累积的总耗散能越大；岩石强度越小，相同载荷作用下产生的残余应变越大，平均每次循环产生的耗散能越大，强度越小的岩石发生失稳破坏需要的载荷越小，使得循环次数少，发生破坏时累积的总耗散能越小。

　　图 5.5 为不同岩性煤-岩结构体的耗散能与循环次数的关系曲线。由图可知，当循环次数相同时，岩石强度越小，由其构成的煤-岩结构体产生的耗散能越大。随着循环次数增加，煤-岩结构体的耗散能也增大。

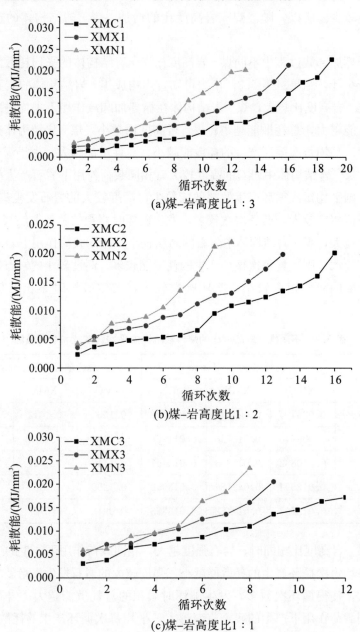

(a)煤-岩高度比1∶3

(b)煤-岩高度比1∶2

(c)煤-岩高度比1∶1

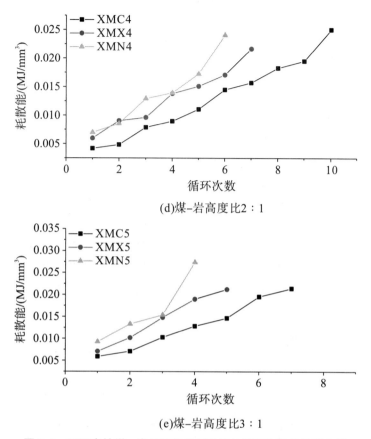

(d)煤–岩高度比2∶1

(e)煤–岩高度比3∶1

图 5.5 不同岩性煤－岩结构体的耗散能与循环次数的关系曲线

对不同煤－岩结构体耗散能增加率进行统计，结果见表 5.4。由表可知，当煤－岩高度比相同时，岩石强度越大，由其构成的煤－岩结构体在循环加卸载作用下的耗散能增加率越大；岩石强度越小，由其构成的煤－岩结构体在循环加卸载作用下的耗散能增加率越小。这是因为构成 XMC 的粗砂岩强度较大，循环加卸载初期产生的耗散能较小，但其循环次数多，破坏前产生的耗散能较大，循环加卸载初期的耗散能与破坏前的耗散能的差值较大，故耗散能增加率较大；构成 XMN 的泥岩强度较低，循环加卸载初期产生的耗散能较大，但其循环次数少，破坏前产生的耗散能较小，循环加卸载初期的耗散能与破坏前的耗散能的差值较小，故耗散能增加率较小。

表5.4 煤-岩结构体的耗散能增加率

煤-岩结构体	耗散能增加率（%）				
	煤-岩高度比1:3	煤-岩高度比1:2	煤-岩高度比1:1	煤-岩高度比2:1	煤-岩高度比3:1
XMC	1588.06	757.87	592.74	500.24	263.50
XMX	769.80	460.28	310.18	262.98	199.15
XMN	517.74	422.27	299.66	245.19	195.57

当构成煤-岩结构体的岩石性质相同时，煤-岩高度比越大，煤-岩结构体在循环加卸载作用下的耗散能增加率越小。因为煤-岩高度比越大，结构体中岩石的高度越小，循环加卸载初期的较小载荷使其产生较大残余应变，产生的耗散能较大，但其循环次数少，破坏前产生的耗散能较小，循环加卸载初期的耗散能与破坏前的耗散能的差值较小，所以耗散能增加率较小。

5.3 损伤变量的计算

在连续损伤力学中，所有缺陷都被认为是连续的，它们对材料的影响用一个或几个连续的内部场变量来表示，这种变量称为损伤变量。材料的损伤能引起材料微观结构和某些宏观物理性质的改变，因此损伤变量定义的基准量可以分为宏观和微观两类。微观基准量主要分为孔隙的数目、长度、面积、体积、形状、排列、取向，以及裂隙的张开、滑移、闭合或摩擦等性质。宏观基准量主要分为弹性系数（如弹性模量 E 和泊松比 μ）、屈服应力、拉伸强度、延伸率、密度、电阻、超声波速及声发射等参数。

常见损伤变量的计算和表达方式有有效截面积法、弹性模量法、超声波速法、应变法、耗散能量法等。

（1）有效截面积法。

假设材料产生损伤后的瞬时表观接触面面积为 M，横截面上的孔隙、裂隙面积为 M_1，实际有效承载面积为 M_2，即：

$$M = M_1 + M_2 \tag{5.5}$$

$\varphi = \dfrac{M_2}{M}$ 被定义为连续性因子，损伤变量（损伤因子）被定义为：

$$D = \frac{M_1}{M} = \frac{M - M_2}{M} \tag{5.6}$$

两者关系为：

$$D + \varphi = 1 \tag{5.7}$$

当 $D = 0$ 时，表示材料内部没有任何缺陷，岩石处于完全无损状态；当 $D = 1$ 时，表示材料没有有效接触承载面积，即材料已发生破坏。

（2）弹性模量法。

弹性模量法定义的损伤变量为：

$$D = 1 - \frac{E'}{E} \tag{5.8}$$

式中，E' 为受损材料的弹性模量；E 为无损材料的弹性模量。

许多实验结果表明，弹性模量法只适用于线弹（脆）性和非线性弹性材料（发生损伤后没有明显的不可逆变形的材料），当材料内部损伤累积达到一定程度后卸载刚度才开始衰减，而在此之前某损伤状态下的卸载刚度可能大于或等于材料的初始弹性模量，在计算过程中会得出损伤为负值或无损伤的错误结论。谢和平等针对这一问题对利用弹性模量计算损伤变量的方法进行了改进，提出了一维条件下不可逆塑性变形影响的弹塑性材料的损伤定义：

$$D = 1 - \frac{\varepsilon - \varepsilon'}{\varepsilon} \cdot \frac{E'}{E} \tag{5.9}$$

式中，E' 为弹塑性损伤材料的卸载刚度；E 为弹塑性损伤材料的初始弹性模量；ε' 为卸载后的残余塑性变形。

（3）超声波速法。

张敏霞利用超声波速对损伤变量进行定义：

$$D = 1 - \frac{E'}{E} = 1 - \frac{\bar{\tilde{\rho}}}{\rho} \cdot \frac{\bar{\tilde{v}}_L^2}{v_L^2} \tag{5.10}$$

式中，E'、$\bar{\tilde{\rho}}$、$\bar{\tilde{v}}_L^2$ 分别为受损材料的弹性模量、密度和纵波波速；E、ρ、v_L^2 分别为未受损材料的弹性模量、密度和纵波波速。

因为超声波速与材料的强度、弹性模量、内部裂纹密度等密切相关，故损伤变量能够反映各参数在疲劳损伤过程中的劣化程度。但超声波速有时会随循环次数的增加呈现明显的波动，造成损伤反复出现。

（4）应变法。

李树春等提出的损伤变量为：

$$D = \frac{\varepsilon - \varepsilon_s}{\varepsilon_d - \varepsilon_s} \cdot \frac{\varepsilon_d}{\varepsilon} \tag{5.11}$$

式中，ε_s 为循环加卸载开始时的轴向应变；ε_d 为循环加卸载结束时的轴向应变；ε 为某一循环加卸载结束时的应变，但忽略了循环加卸载前期的应力加载阶段造成的损伤。

Xiao 等采用残余应变定义损伤变量，表达式为：

$$D = \frac{\varepsilon_r^n}{\varepsilon_r^f} \tag{5.12}$$

式中，ε_r^n 为某次循环加卸载结束时的轴向残余应变；ε_r^f 为循环加卸载结束时的轴向残余应变。当 $D=0$ 时，表示材料在循环加卸载初期内部无损伤，应变在卸载后能恢复到初始位置；当 $D=1$ 时，表示材料经过循环加卸载后达到岩石破坏时的最大残余应变，岩石发生破坏。这种计算方法将压密阶段的塑性应变也进行了损伤计算，增加了循环损伤值。

（5）耗散能量法。

岩石的损伤破坏伴随着能量转化，能量转化是一种非均匀耗散的不可逆过程，其耗散能的演化过程能清晰地反映岩石的不可逆变形、损伤及破坏特征。所以，从能量耗散角度能更清晰地揭示岩石疲劳损伤演化过程，损伤变量定义为本次循环的耗散能与总耗散能之比：

$$D_i = \frac{U^d(i)}{U} \tag{5.13}$$

式中，D_i 为第 i 次循环的损伤变量；$U^d(i)$ 为第 i 次循环产生的耗散能；U 为最终循环累积的总耗散能。

（6）声发射法。

岩石的变形及破坏是岩石内部损伤演化的结果，岩石内部损伤会释放出相应的声发射信号，这些信号能够反映岩石的失稳破坏过程，故利用声发射法表征岩石损伤具有一定可行性。

假设岩石的微单元强度服从 Weibull 分布，岩石横截面的损伤面积为：

$$S = S_m \int_0^\varepsilon \varphi(x) \tag{5.14}$$

式中，S_m 为材料无损伤状态下的横截面积；$\varphi(x)$ 为微元强度的统计分布。

当岩石应变增量为 $\Delta\varepsilon$ 时，由式（5.14）得到其损伤面积 ΔS 为：

$$\Delta S = S_m \int_0^\varepsilon \varphi(x)\mathrm{d}x \tag{5.15}$$

岩石损伤变量与损伤面积相关，即：

$$D_i = \frac{\Delta S}{S_m} = \int_0^{\Delta\varepsilon} \varphi(x)\mathrm{d}x \tag{5.16}$$

假设损伤微单元面积产生的声发射振铃数为 n，则损伤面积 S 将产生的声发射振铃数为 N：

$$n = \frac{N_m}{S_m} \tag{5.17}$$

$$N = n\Delta S = \frac{N_m \Delta S}{S_m} \tag{5.18}$$

声发射振铃数 N 与完全损伤时声发射振铃数 N_m 之比为：

$$\frac{N}{N_m} = \frac{\Delta S}{S_m} = \int_0^{\Delta \varepsilon} \varphi(x)\mathrm{d}x \tag{5.19}$$

联立式（5.14）～式（5.19）得到每次循环加卸载损伤变量和声发射振铃数的关系为：

$$D_i = \frac{N}{N_m} \tag{5.20}$$

由于岩石损伤破坏过程不仅伴随能量的向外释放，而且会产生声发射信号，所以包含岩石内部损伤破坏信息。因此，本书选择耗散能量法和声发射法对损伤变量进行分析。

5.3.1　基于耗散能量法的损伤变量计算

岩石等材料在外加载荷作用下，从内部微裂隙的压密、闭合直至岩石失稳、破坏，始终伴随能量的耗散与释放。岩石的损伤是内部裂隙、微孔洞等发展致使岩石劣化的过程，而外加载荷施于岩石的能量正是岩石损伤驱动力。因此，从能量角度来研究岩石损伤演化规律具有一定可行性。

根据耗散能量法计算累计损伤变量 D 的表达式为：

$$D = \sum_{i=1}^{n} D_i \tag{5.21}$$

根据式（5.13）和式（5.21）分别计算 XMC、XMX 及 XMN 在循环加卸载作用下的损伤变量，结果如图 5.6 所示。由图可知，损伤变量随循环次数的增加呈阶梯式增长。当循环次数较少时，损伤变量较小，此阶段的煤－岩结构体内部裂隙被压实、压密，随着循环次数增加，煤－岩结构体内部裂隙开始逐渐发育、扩展，形成较小的微裂纹，损伤变量增加缓慢，随着循环加卸载峰值应力的不断升高，前期形成的微裂纹开始相互贯通，形成宏观裂隙，损伤变量迅速增大，微观裂隙在循环加卸载作用下继续发展，逐渐形成了第 2 条、第 3 条宏观裂隙，损伤变量增幅较大，累积损伤变量逐渐增加。当宏观裂隙相互贯通、发展时，煤－岩结构体失稳破坏，损伤变量快速增大，累积损伤变量为 1。

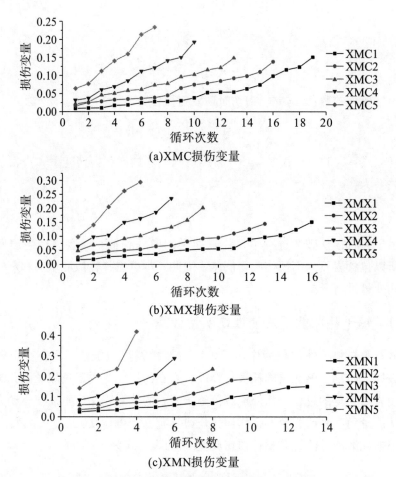

(a)XMC损伤变量

(b)XMX损伤变量

(c)XMN损伤变量

图5.6 基于耗散能量法的损伤变量计算结果

图5.7为基于耗散能量法的不同煤-岩高度比煤-岩结构体累积损伤变量计算结果。当循环次数相同时，煤-岩高度比越大，煤-岩结构体的累积损伤变量越大。

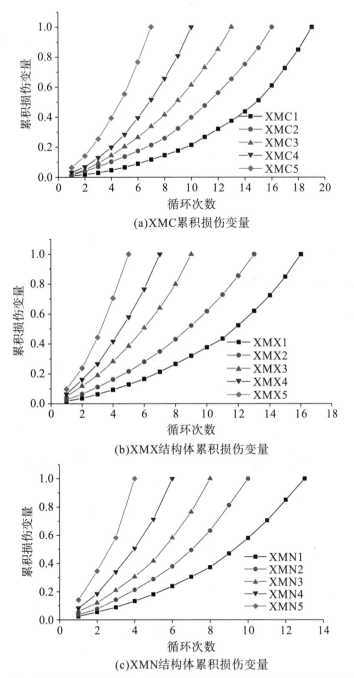

(a)XMC累积损伤变量

(b)XMX结构体累积损伤变量

(c)XMN结构体累积损伤变量

图 5.7　基于耗散能量法的煤－岩不同高度比煤－岩结构体累积损伤变量计算结果

图 5.8 为基于耗散能量法的不同岩性煤－岩结构体累积损伤变量计算结果。当循环次数相同时，构成煤－岩结构体的岩石强度越大，煤－岩结构体累

积损伤变量越小。

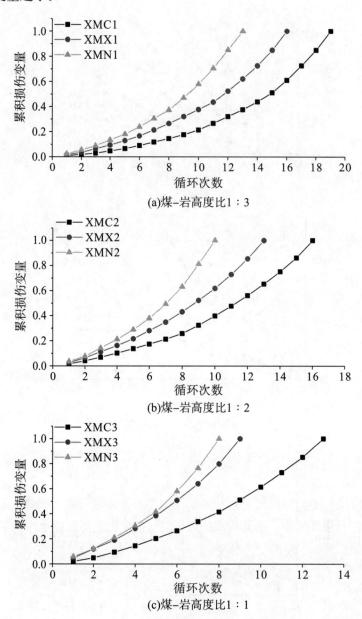

(a)煤−岩高度比1：3

(b)煤−岩高度比1：2

(c)煤−岩高度比1：1

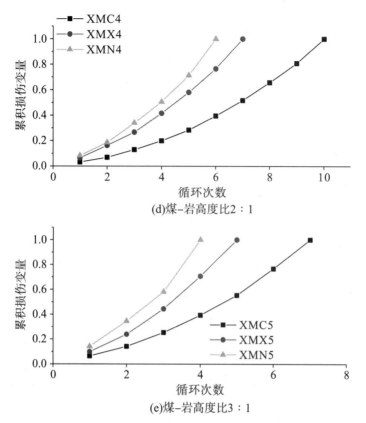

(d)煤–岩高度比2∶1

(e)煤–岩高度比3∶1

图 5.8　基于耗散能量法的不同岩性煤－岩结构体累积损伤变量计算结果

从加载至煤－岩结构体破坏,累积损伤变量增长率和平均每次循环累积损伤变量增长量见表 5.5。由表可知,当构成煤－岩结构体的岩石性质一定时,随着煤－岩高度比增大,煤－岩结构体在循环加卸载作用下的累积损伤变量增长率逐渐降低,平均每次循环累积损伤变量增长量逐渐升高。当煤－岩高度比相同时,岩石强度越小,由其构成的煤－岩结构体在循环加卸载作用下的累积损伤变量增长率逐渐降低,平均每次循环累积损伤变量增长量逐渐升高。

表 5.5　基于耗散能量法的煤－岩结构体累积损伤变量增长率和

平均每次循环累积损伤变量增长量

煤－岩高度比	累积损伤变量增长率（%）			平均每次循环累积损伤变量增长量		
	XMC	XMX	XMN	XMC	XMX	XMN
1∶3	11091.04	5661.88	4035.47	0.0522	0.0614	0.0751
1∶2	6122.98	3766.48	2688.15	0.0615	0.0749	0.0964

煤-岩高度比	累积损伤变量增长率（%）			平均每次循环累积损伤变量增长量		
	XMC	XMX	XMN	XMC	XMX	XMN
1∶1	4568.98	1937.72	1599.83	0.0753	0.1057	0.1176
2∶1	3016.07	1446.06	1100.86	0.0968	0.1336	0.1310
3∶1	1918.51	919.18	605.62	0.1188	0.1804	0.1717

5.3.2　基于声发射法的损伤变量计算

岩石的变形及破坏是岩石损伤内部演化的结果，岩石损伤破坏过程不仅伴随能量的向外释放，而且会产生声发射信号，这些信号包含岩石内部的损伤破坏信息，故用声发射法表征岩石损伤具有一定可行性。

假设岩石在加载阶段产生的声发射振铃数为 N_{i+}，在卸载阶段产生的声发射振铃数为 N_{i-}，加载阶段和卸载阶段的损伤变量分别为 D_{i+} 和 D_{i-}；每次循环产生的声发射振铃数为 N_i，煤-岩结构体完全破坏时产生的声发射振铃数为 N，每次循环的损伤变量为 D_i，累积损伤变量为 D；"$i+$" 表示第 i 次循环加载阶段，"$i-$" 表示第 i 次循环卸载阶段，则每次加载阶段和卸载阶段的损伤变量 D_{i+} 和 D_{i-} 可分别表示为：

$$D_{i+} = \frac{N_{i+}}{N} \tag{5.22}$$

$$D_{i-} = \frac{N_{i-}}{N} \tag{5.23}$$

每次循环产生的损伤变量可表示为：

$$D_i = D_{i+} + D_{i-} \tag{5.24}$$

累积损伤变量为：

$$D = \sum_{i=1}^{n} D_i \tag{5.25}$$

根据式（5.22）～式（5.25）分别计算 XMC、XMX 及 XMN 在循环加卸载过程中的损伤变量和累计损伤变量，根据计算结果绘制曲线，如图 5.9～图 5.11 所示。

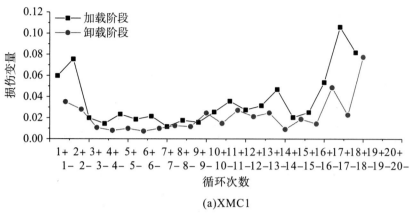

(a)XMC1

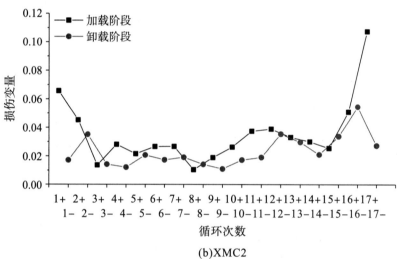

(b)XMC2

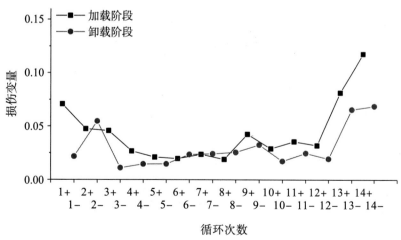

(c)XMC3

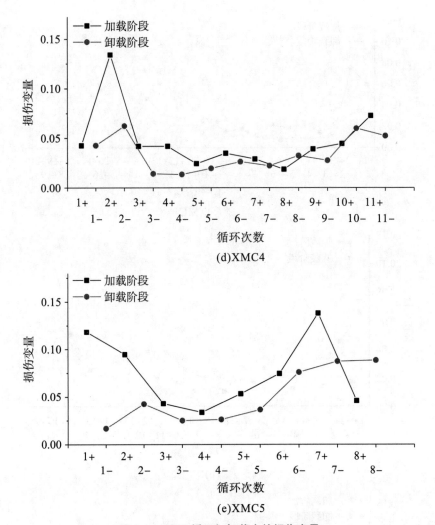

(d)XMC4

(e)XMC5

图 5.9　XMC 循环加卸载中的损伤变量

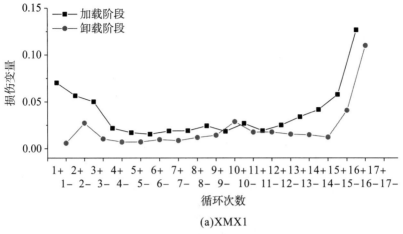

(a)XMX1

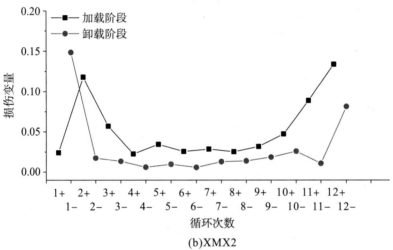

(b)XMX2

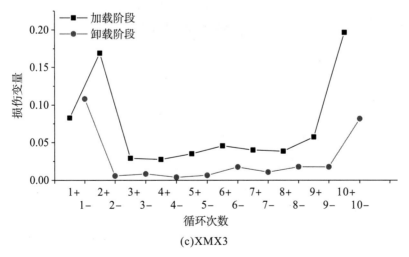

(c)XMX3

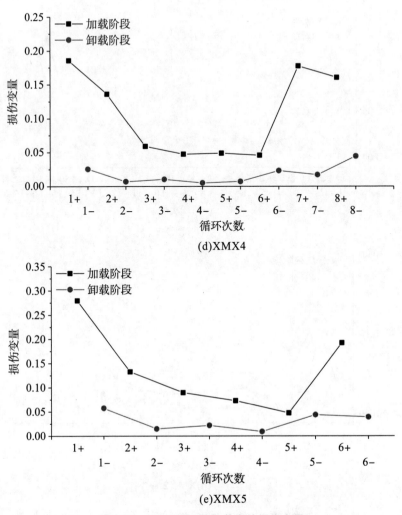

(d)XMX4

(e)XMX5

图 5.10　XMX 循环加卸载中的损伤变量

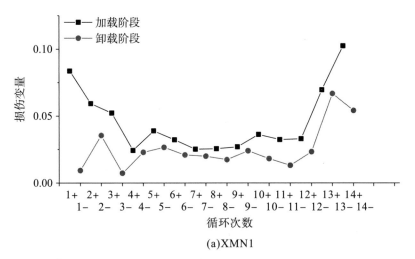

(a)XMN1

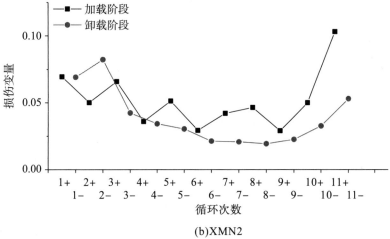

(b)XMN2

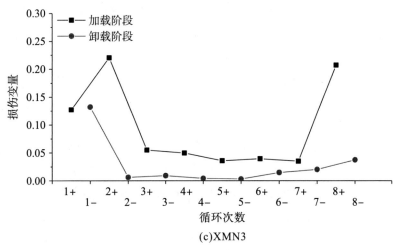

(c)XMN3

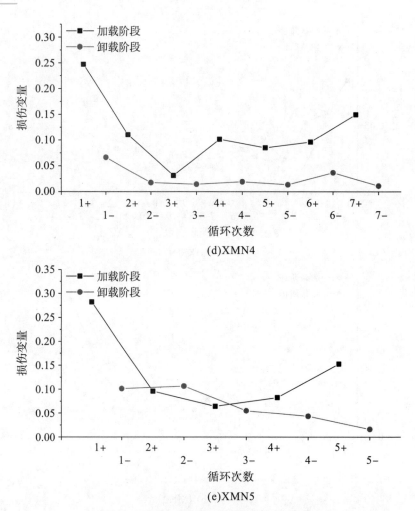

(d)XMN4

(e)XMN5

图 5.11　XMN 循环加卸载中的损伤变量

　　由图可知，加载阶段和卸载阶段均产生了损伤。在循环加卸载初期，损伤变量随循环次数的增加呈下降趋势，这是因为煤－岩结构体在第 1 次循环加载过程中，内部微裂隙、微孔洞随着载荷的增大逐渐被压密，产生大量的声发射振铃。随着循环次数的增加，损伤变量逐渐降低，说明每次循环载荷的增大对煤－岩结构体的影响从强到弱。在循环加卸载中期，损伤变量随循环次数的增加有一定波动，但没有明显下降或上升，这是因为煤－岩结构体内部微裂隙持续发展，或在薄弱部位逐渐开始产生新的微裂隙。在循环加卸载末期，煤－岩结构体破坏前，加载、卸载损伤变量再次升高，说明通过前期损伤积累，载荷增加对煤－岩结构体的影响又从弱变强，内部裂隙出现较大程度的扩展和贯穿，损伤加剧，煤－岩结构体逐渐失稳破坏。在循环加卸载过程中，加载阶段产生的损伤变量基本大于卸载阶段产生的损伤变量，说明加载阶段煤－岩结构体的破坏程度明显，卸载阶段裂纹张开释放能量，损伤变量呈上升趋势。

图 5.12 为基于声发射法的不同煤－岩高度比煤－岩结构体损伤变量计算结果。由图可知，损伤变量与循环次数的关系曲线大致呈"U"字形，将损伤变量与循环次数的变化曲线分为三个阶段：第一阶段，在第 1～3 次循环加卸载过程中，损伤变量由高到低，初期压密阶段产生的声发射振铃较多，孔隙、裂隙被压密；第二阶段，损伤变量波动发展阶段，这一阶段持续时间较长，损伤变量较低，煤－岩结构体内部裂隙发育、扩展；第三阶段，煤－岩结构体失稳破坏前，裂隙在内部发展、贯通速度加快，损伤变量快速增大。

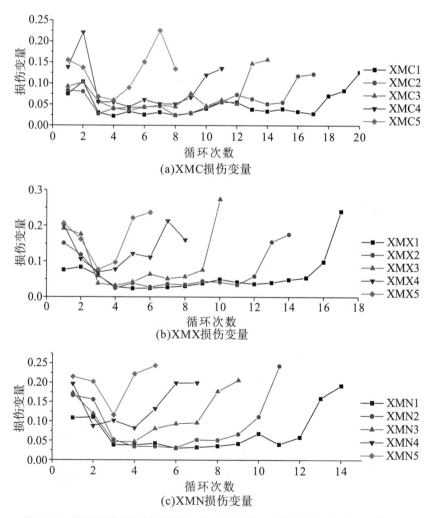

(a)XMC损伤变量

(b)XMX损伤变量

(c)XMN损伤变量

图 5.12　基于声发射法的不同煤－岩高度比煤－岩结构体损伤变量计算结果

　　图 5.13 为基于声发射法的不同煤岩-高度比煤-岩结构体累积损伤变量计算结果。当循环次数相同时，煤-岩高度比越大，煤-岩结构体累积损伤变量越大。这是因为煤-岩高度比越大，煤-岩结构体的强度越低，在相同载荷作用下产生的变形越大，形成的损伤越大。

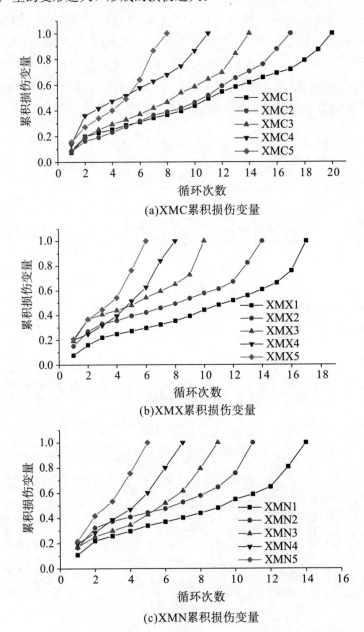

(a)XMC累积损伤变量

(b)XMX累积损伤变量

(c)XMN累积损伤变量

图 5.13　基于声发射法的不同煤-岩高度比煤-岩结构体累积损伤变量计算结果

图 5.14 为基于声发射法的不同岩性煤－岩结构体累积损伤变量计算结果。当循环次数相同时，岩石强度越小，构成的煤－岩结构体的累积损伤变量越大。这是因为岩石强度越小，由其构成的煤－岩结构体的强度越小，在相同载荷作用下产生的变形越大，造成的损伤越大。

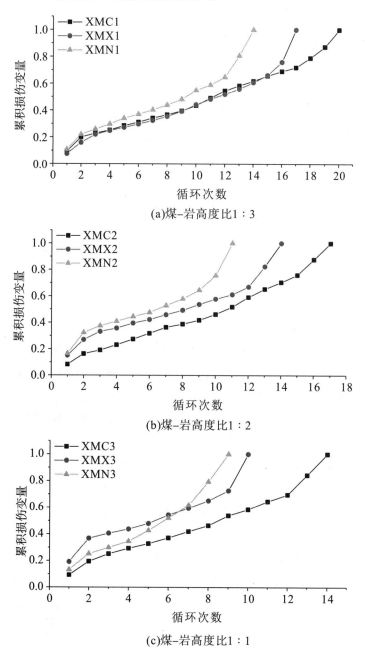

(a)煤–岩高度比1：3

(b)煤–岩高度比1：2

(c)煤–岩高度比1：1

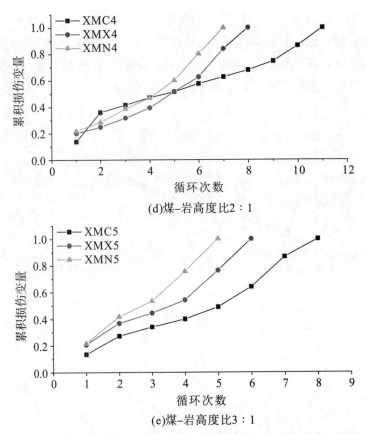

(d)煤－岩高度比2∶1

(e)煤－岩高度比3∶1

图 5.14　基于声发射法的不同岩性煤－岩结构体累积损伤变量计算结果

从加载至煤－岩结构体破坏，累积损伤变量增长率和平均每次循环累积损伤变量增长量见表 5.6。由表可知，当构成煤－岩结构体的岩石性质相同时，煤－岩高度比越大，煤－岩结构体在循环加卸载作用下的累积损伤变量增长率越小，但平均每次循环累积损伤变量增长量越大。这是因为当岩石性质相同时，煤－岩高度比越大，煤－岩结构体的强度越小，在第 1 次循环结束时产生的损伤变量越大，但其循环加卸载的循环次数较少，所以平均每次循环产生的累积损伤变量增长量较大，累积损伤变量增长率较小。

表 5.6　声发射法计算的煤－岩结构体累积损伤变量增长率和

平均每次循环累积损伤变量增长量

煤－岩高度比	累积损伤变量增长率（%）			平均每次循环累积损伤变量增长量		
	XMC	XMX	XMN	XMC	XMX	XMN
1∶3	1234.40	1219.78	821.49	0.04625	0.05437	0.06368

续表

煤−岩高度比	累积损伤变量增长率（%）			平均每次循环累积损伤变量增长量		
	XMC	XMX	XMN	XMC	XMX	XMN
1∶2	1106.56	561.90	500.60	0.05395	0.06064	0.07577
1∶1	981.08	420.94	478.47	0.06482	0.08080	0.09190
2∶1	621.14	396.70	407.87	0.07830	0.09983	0.11473
3∶1	545.29	383.42	364.30	0.10563	0.13219	0.15692

当煤−岩高度比相同时，岩石强度越大，由其构成的煤−岩结构体在循环加卸载作用下累积损伤变量增长率就越大，但平均每次循环产生的累积损伤变量增长量越小。这是因为当煤−岩高度比相同时，由强度较大岩石构成的煤−岩结构体强度较大，在第 1 次循环结束时产生的损伤变量较小，但其循环加卸载的循环次数较多，所以平均每次循环产生的累积损伤变量增长量较小，累积损伤变量增长率较大。

5.3.3　联合损伤变量计算法

肖建清提出，一个合理的损伤变量的定义应当满足以下基本要求：①物理意义明确；②测量比较方便，便于工程应用；③损伤演化规律与材料的实际劣化过程相吻合；④能够考虑初始损伤（岩石加载前已经形成的损伤和施加周期载荷前应力单调加载阶段造成的损伤）。

现阶段对损伤变量的计算主要依据单一参数（如弹性模量、应变、耗散能、声发射信号等），具有一定局限性，与循环加卸载作用下煤−岩结构体破坏损伤的敏感程度有一定差距，所以联合损伤变量计算法基于两种或两种以上的方法进行综合判断。

将分别基于耗散能量法与声发射法的 XMC 累积损伤变量计算结果进行对比，如图 5.15 所示。由图可知，在循环加卸载前期，由声发射法计算所得累积损伤变量大于由耗散能量法计算所得累积损伤变量；在循环加卸载后期，由耗散能量法计算所得累积损伤变量大于由声发射法计算所得累积损伤变量。两种计算方法对损伤变量的敏感程度具有一定差异。

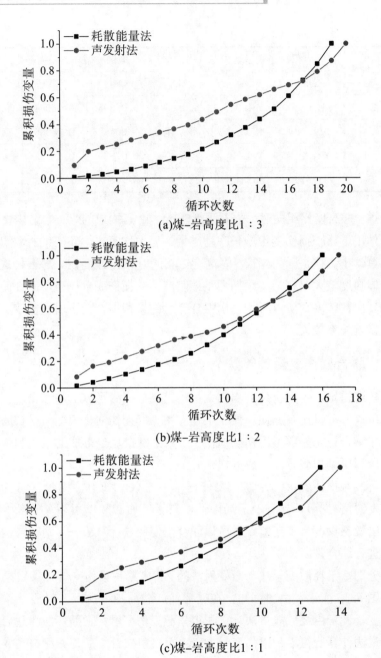

(a)煤−岩高度比1∶3

(b)煤−岩高度比1∶2

(c)煤−岩高度比1∶1

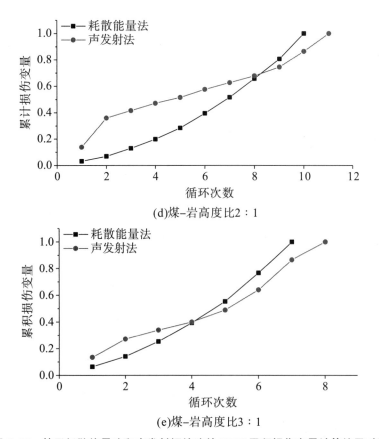

(d)煤-岩高度比2∶1

(e)煤-岩高度比3∶1

图 5.15　基于耗散能量法和声发射振铃法的 XMC 累积损伤变量计算结果对比

借助系统分析中的敏感性参数对损伤变量的敏感程度进行分析。当参数 a_k 对系统特性 P 有影响时，令 a_k 在其可能范围内变动，此时系统特性表现为：

$$P = f(a_1,\cdots,a_{k-1},a_k,a_{k+1},\cdots,a_n) \tag{5.26}$$

如果 a_k 的微小变化就会引起 P 的较大变动，则 P 对 a_k 的敏感性较大；如果 a_k 的微小变化引起 P 的变动较小，则 P 对 a_k 的敏感性较小。

设 $g(x)$ 为两种方法计算结果相同时的循环次数，假设当循环次数小于 $g(x)$ 时，由声发射法计算的累积损伤变量较敏感；当循环次数大于 $g(x)$ 时，由耗散能量法计算的累积损伤变量较敏感。则联合损伤变量计算法为：

$$D = \begin{cases} \dfrac{N}{N_m} & n \leqslant g(x) \\ \dfrac{U^d(i)}{U} & n > g(x) \end{cases} \tag{5.27}$$

式中，$\dfrac{N}{N_m}$ 为声发射法；$\dfrac{U^d(i)}{U}$ 为耗散能量法；n 为实际循环次数。

对 $g(x)$ 进行统计，结果如图 5.16 所示。由图可知，当构成煤－岩结构体的岩石性质一定时，$g(x)$ 随煤－岩高度比的增大而逐渐减小；当煤－岩高度比一定时，$g(x)$ 随煤－岩强度比的增大而逐渐减小。

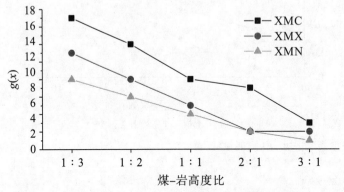

(a)$g(x)$与煤-岩高度比的关系

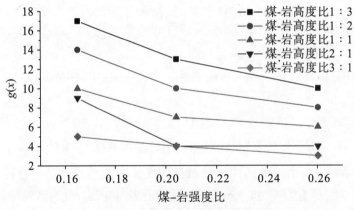

(b)$g(x)$与煤-岩强度比的关系

图 5.16 $g(x)$ 变化曲线

分别对 $g(x)$ 与煤－岩高度比、煤－岩强度比的关系进行拟合，得到以下方程。

（1）$g(x)$ 与煤－岩高度比的拟合方程。

当煤－岩结构体为 XMC 时，拟合方程为：

$$g(x)=1.08x^2-7.40x+17.97 \tag{5.28}$$

当煤－岩结构体为 XMX 时，拟合方程为：

$$g(x)=2.11x^2-9.99x+15.15 \tag{5.29}$$

当煤－岩结构体为 XMN 时，拟合方程为：

$$g(x)=1.10x^2-5.98x+11.18 \tag{5.30}$$

（2）$g(x)$ 与煤－岩强度比的拟合方程。

当煤－岩高度比为 1∶3 时，拟合方程为：

$$g(x)=-72.08x+28.45 \qquad (5.31)$$

当煤－岩高度比为 1∶2 时，拟合方程为：

$$g(x)=-61.08x+23.48 \qquad (5.32)$$

当煤－岩高度比为 1∶1 时，拟合方程为：

$$g(x)=-40.31x+16.12 \qquad (5.33)$$

当煤－岩高度比为 2∶1 时，拟合方程为：

$$g(x)=-48.85x+15.91 \qquad (5.34)$$

当煤－岩高度比为 3∶1 时，拟合方程为：

$$g(x)=-20.77x+8.36 \qquad (5.35)$$

根据式（5.28）～式（5.35），对煤－岩结构体在循环加卸载作用下累积损伤变量进行计算，并与耗散能量法和声发射法计算结果进行对比，如图 5.17～图 5.19 所示。

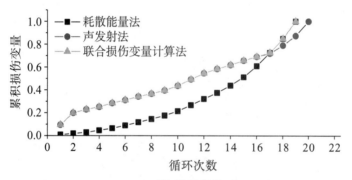

(a)煤-岩高度比1∶3

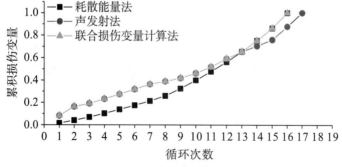

(b)煤-岩高度比1∶2

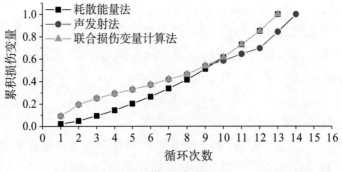

(c)煤-岩高度比1:1

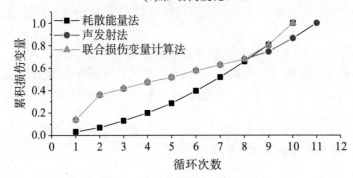

(d)煤-岩高度比2:1

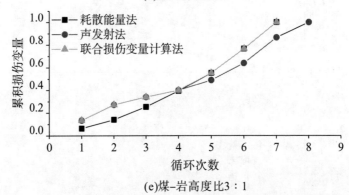

(e)煤-岩高度比3:1

图 5.17 基于三种方法的 XMC 累积损伤变量计算结果

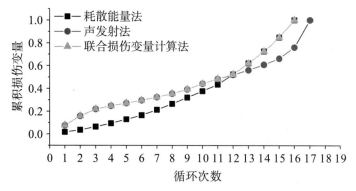

(a)煤－岩高度比1∶3

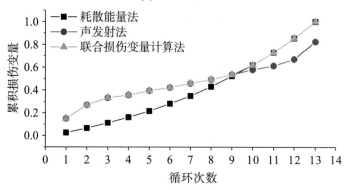

(b)煤－岩高度比1∶2

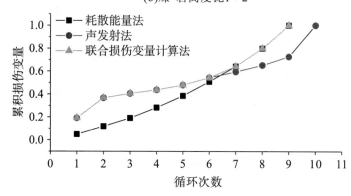

(c)煤－岩高度比1∶1

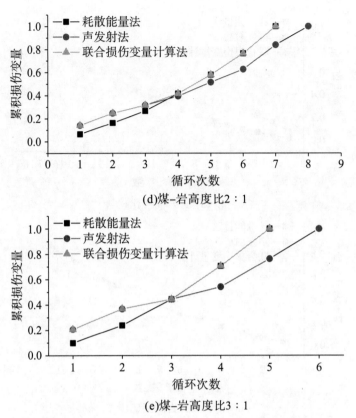

(d)煤-岩高度比2∶1

(e)煤-岩高度比3∶1

图 5.18　基于三种方法的 XMX 累积损伤变量计算结果

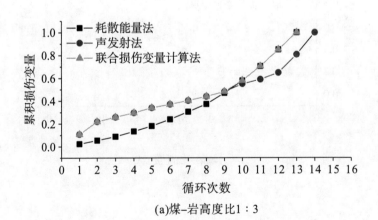

(a)煤-岩高度比1∶3

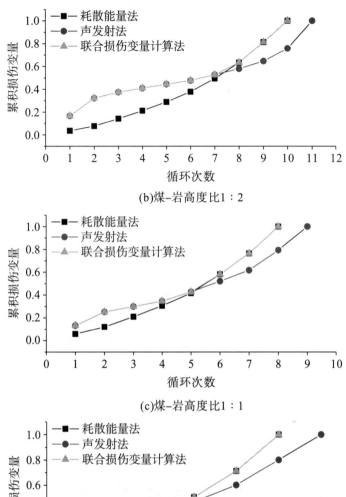

(b)煤−岩高度比1∶2

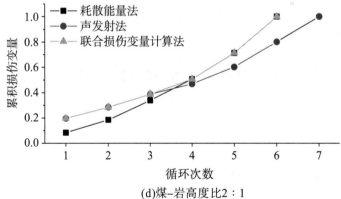

(c)煤−岩高度比1∶1

(d)煤−岩高度比2∶1

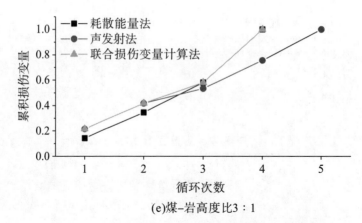

(e)煤-岩高度比3:1

图 5.19 基于三种方法的 XMN 累积损伤变量计算结果

由图 5.19 可知,联合损伤变量计算法所得的累积损伤变量大致呈线性增长,可分为三个阶段:第一阶段,煤-岩结构体内部孔隙、裂隙及煤-岩交界处缝隙被压密,累积损伤变量随循环次数及循环载荷的增加快速增大;第二阶段,煤-岩结构体内部裂隙尖端逐渐产生细微的裂隙扩展,或在薄弱部位产生较小的微裂隙,累积损伤变量随循环次数及循环载荷的增加呈缓慢增大趋势;第三阶段,经过前期的损伤积累,煤-岩结构体内部裂隙出现较大程度的扩展和贯穿,累计损伤变量迅速增大。通过联合损伤变量计算法得到的损伤变量演化规律与实际劣化过程吻合度较高,对循环加卸载作用下煤-岩结构体损伤变量的敏感性较高,能更有效地反映载荷作用下裂纹、裂隙的发育和扩展情况。

5.4 煤-岩结构体弹性能量指数演化规律

弹性能量指数(W_{ET})是岩石中弹性变形能与耗散能的比值,能够反映煤样加载过程中能量的集聚与耗散,弹性能量指数越大,表明煤-岩结构体中节理裂隙少,完整性好,加载过程中塑性变形少,耗散能量低,破坏时发生冲击的可能性大。波兰学者 Kidybinski 用岩石的弹性能量指数作为冲击地压的倾向性指标,判别标准为:

$$\begin{cases} W_{ET} \geqslant 5.0 & \text{强冲击倾向} \\ 2.0 \leqslant W_{ET} < 5.0 & \text{弱冲击倾向} \\ W_{ET} < 2.0 & \text{无冲击倾向} \end{cases} \tag{5.36}$$

分别计算不同煤-岩结构体在循环加卸载作用下的弹性能量指数,如图

5.20 所示。由图可知，弹性能量指数随循环次数的增加而呈现不同程度的波动。XMC1 循环加卸载第 8、9 和 13 次时，弹性能量指数大于 5.0；XMC2 循环加卸载第 7 次时，弹性能量指数大于 5.0；XMX1 循环加卸载第 11 次时，弹性能量指数大于 5.0。这些煤－岩结构体均具有强冲击倾向。XMC 的弹性能量指数随着循环次数的增加有波动，在第 13 次循环加卸载前有一定上升趋势；XMX 的弹性能量指数随循环次数的增加产生剧烈波动，整体呈上升趋势；XMN 的弹性能量指数随循环次数的增加有一定波动，整体呈下降趋势。这说明煤－岩结构体的强度越大，循环加卸载作用下的弹性能量指数趋于上升；煤－岩结构体的强度越小，循环加卸载作用下的弹性能量指数趋于下降。

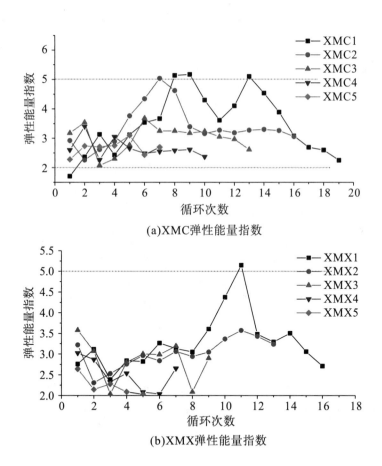

(a)XMC弹性能量指数

(b)XMX弹性能量指数

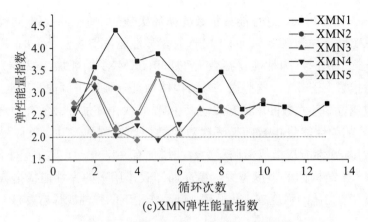

(c)XMN弹性能量指数

图5.20　不同煤-岩结构体的弹性能量指数

图5.21为平均弹性能量指数随煤-岩高度比变化的柱状图。由图可知，当构成煤-岩结构体的岩石性质相同时，煤-岩高度比越大，煤-岩结构体的平均弹性能量指数越小。这是因为煤-岩高度比越大，煤样在煤-岩结构体中所占体积比例越大，煤-岩结构体的强度和弹性模量越小，在载荷作用下集聚的弹性变形能越少。

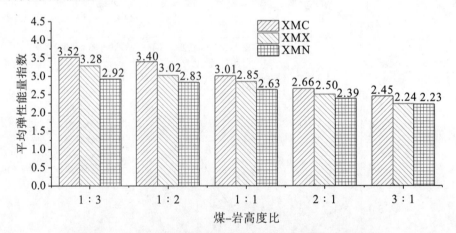

图5.21　平均弹性能量指数随煤-岩高度比变化的柱状图

当煤-岩高度比相同时，岩石强度越大，由其构成的煤-岩结构体的平均弹性能量指数越大。这是由于强度越大的岩石构成的煤-岩结构体的强度和弹性模量越大，在载荷作用下集聚的弹性变形能越多。

对比相同煤-岩高度比煤-岩结构体的平均弹性能量指数，当煤-岩高度比为1∶3、1∶2、1∶1、2∶1及3∶1时，XMC的平均弹性能量指数比XMN分别大0.60、0.57、0.38、0.27及0.22。这说明煤-岩高度比越大，由岩石性质引起的煤－岩结构体平均弹性能量指数的降低幅度越小。

对比相同岩性煤－岩结构体的弹性能量指数，当煤－岩高度比由 1∶3 增加到 3∶1 时，XMC、XMX 及 XMN 的平均弹性能量指数分别降低了 1.07、1.04 及 0.69。这说明岩石强度越大，由煤－岩高度比增大引起的煤－岩结构体平均弹性能量指数的降低幅度越大。

对煤－岩结构体平均弹性能量指数与煤－岩高度比进行函数关系拟合，XMC、XMX 及 XMN 的拟合方程为：

$$y=-0.40x+3.55 \ (R^2=0.92) \tag{5.37}$$

$$y=-0.36x+3.27 \ (R^2=0.94) \tag{5.38}$$

$$y=-0.25x+2.95 \ (R^2=0.95) \tag{5.39}$$

煤－岩结构体中岩石强度越高，其平均弹性能量指数与煤－岩高度比的拟合函数斜率绝对值越大，说明由其构成的煤－岩结构体平均弹性能量指数随煤－岩高度比变化的敏感性越大。

对煤－岩结构体平均弹性能量指数与煤－岩强度比进行函数关系拟合，当煤－岩高度比为 1∶3、1∶2、1∶1、2∶1 及 3∶1 时，拟合方程为：

$$y=-6.31x+4.56 \ (R^2=0.99) \tag{5.40}$$

$$y=-5.76x+4.29 \ (R^2=0.84) \tag{5.41}$$

$$y=-3.94x+3.66 \ (R^2=0.99) \tag{5.42}$$

$$y=-2.79x+3.10 \ (R^2=0.93) \tag{5.43}$$

$$y=-2.16x+2.76 \ (R^2=0.83) \tag{5.44}$$

煤－岩高度比越小，煤－岩结构体平均弹性能量指数与煤－岩强度比的拟合函数斜率绝对值越大，说明煤－岩结构体平均弹性能量指数随煤－岩强度比变化的敏感性越高。

综上所述，当构成煤－岩结构体的岩石性质一定时，煤－岩高度比越小，煤－岩结构体的平均弹性能量指数越大；当煤－岩高度比一定时，岩石强度越大，由其构成的煤－岩结构体的平均弹性能量指数越大。也就是说，煤层冲刷带内煤－岩高度比越小，发生冲击的危险性越大；煤层冲刷带内岩石强度越大，发生冲击的危险性越大。这一结论与第 2 章、第 3 章对煤层冲刷带内冲击危险性的判断结果一致。

第6章 工程应用与效果

根据第 2 章对煤层冲刷带建立的煤-岩结构体力学模型分析，煤层冲刷带内厚度较薄区域应力较高；同时，根据第 3 章~第 5 章对不同煤-岩结构体进行的单轴压缩试验、单轴循环加卸载试验结果，煤层冲刷带内煤-岩高度比越小，岩石强度越大，产生的总弹性能和总耗散能越多，弹性能量指数和冲击能量指数越大，发生冲击的倾向性越大。这些研究结论对分析工作面过冲刷带时能量演化规律具有重要的指导意义。

基于前述理论及试验研究结果，本章以霄云煤矿 1314 工作面推采过冲刷带为具体工程背景，对其在推进过程中的能量演化规律进行分析，并利用微震监测和钻屑量监测进行验证。

6.1 工程概况

霄云煤矿位于山东省济宁市金乡县，埋深 430~1500m。1314 工作面位于矿区东翼，埋深 651~715m，煤层厚度 2~5m，煤层倾角 10°~18°，煤层顶、底板分别为细砂岩和粉砂岩。地质勘查表明，该地区煤岩比较脆硬，具有积聚大量弹性能的能力。1314 工作面推进过程中将会遇到一条与工作面推进方向近似垂直的砂岩冲刷带，会对煤层产生一定侵蚀，使得冲刷带内煤-岩高度比发生变化，最薄处煤层平均厚度为 2m。工作面在推进过程中逐渐降低采高，以揭露的细砂岩底为顶板，根据冲刷带内煤层厚度的不同，采取调整机位的方法，在满足不了过机高度时，适当卧底施工，并保证采高控制在 2.4m 以上，1314 工作面位置如图 6.1 所示。

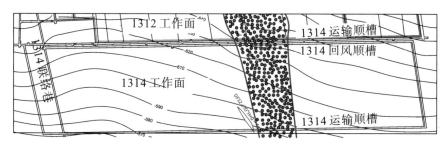

图 6.1　1314 工作面位置

6.2　煤层冲刷带能量分布特征分析

　　煤-岩系统在矿山压力及采掘活动作用下集聚大量能量。当煤-岩系统集聚的能量大于煤-岩结构体破坏所消耗的能量时，煤-岩结构体就会破坏并获得动能，形成冲击。事实上，煤-岩系统集聚能量主要来自应力集中，而工作面采动支承应力是主要影响因素之一。

　　根据工作面前方煤体的破碎程度及受力状态，将其分为破碎区、塑性区和弹性区。根据潘俊峰、刘学生等对工作面前方能量特征的研究，破碎区内煤-岩结构体较为破碎，宏观裂隙较多，基本丧失承载能力，不能集聚大量弹性变形能；塑性区内煤岩塑性变形大，裂隙较少，具有一定的承载能力，可以集聚一定弹性变形能；弹性区内煤岩裂隙最少，可以集聚大量的弹性变形能，在冲击地压过程中提供主要能量。当冲击地压发生时，弹性区是能量释放的主要来源，破碎区和塑性区起着阻碍弹性区能量向外释放的作用。根据上述分析，将工作面前方区域分为阻力区、储存区和未受影响区，如图 6.2 所示。

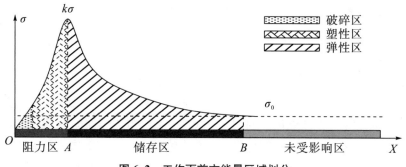

图 6.2　工作面前方能量区域划分

根据广义胡克定律，岩石单元在三轴压缩试验下释放的弹性变形能为：

$$U^e = \frac{1}{2E_0}\left[\sigma_1^2 + \sigma_2^2 + \sigma_3^2 - 2\nu\left(\sigma_1\sigma_2 + \sigma_2\sigma_3 + \sigma_1\sigma_3\right)\right] \quad (6.1)$$

式中，U^e 为岩石单元向外释放的弹性变形能；σ_1、σ_2、σ_3 为岩石单元三个方向的应力；ν 为岩石泊松比；E_0 为岩石的弹性模量。

设工作面前方储存区的能量与储存区至工作面距离的函数关系为 $f(x_s)$，工作面前方阻力区煤岩破坏所需要的能量与阻力区至工作面距离的函数关系为 $f(x_r)$，则储存区能量和阻力区能量分别为：

$$U_s = \int_A^B f(x_s)\,\mathrm{d}x \quad (6.2)$$

$$U_r = \int_O^A f(x_r)\,\mathrm{d}x \quad (6.3)$$

式中，U_s 是储存区能量；U_r 是阻力区能量。

根据对工作面前方能量存储情况的分析，提出一种新的能量判断系数 Q，即单位时间内储存区能量 U_s 和阻力区能量 U_r 之差与存储区能量 U_s 之比：

$$Q = \frac{\dfrac{U_s - U_r}{t}}{\dfrac{U_s}{t}} = \frac{U_s - U_r}{U_s} \quad (6.4)$$

根据式（6.2）至式（6.4），能量判断系数可表达为：

$$Q = \frac{U_s - U_r}{U_s} = \frac{\displaystyle\int_A^B f(x_s)\,\mathrm{d}x - \int_O^A f(x_r)\,\mathrm{d}x}{\displaystyle\int_A^B f(x_s)\,\mathrm{d}x} \quad (6.5)$$

Q 能反映煤-岩系统向外释放的能量，以及其占储存区能量的比例，可以用来判断冲击是否发生及冲击发生的强度，可以表示为：

$$\begin{cases} Q \geqslant 0 & \text{向外释放能量} \\ Q < 0 & \text{不向外释放能量} \end{cases} \quad (6.6)$$

能量判断系数越大，冲击发生时煤-岩系统向外释放的能量越多；能量判断系数越接近1，煤-岩系统向外释放的能量占储存区能量越多，冲击事故越严重。

根据能量产生的原因，将工作面前方的能量分为内部能量和外部能量。由煤层冲刷带内煤-岩高度比而集聚的能量称为内部能量，由工作面超前支承压力集聚的能量称为外部能量，如图6.3(a)所示。当工作面向前推进时，超前支承压力区向前移动，外部能量集聚区也向前移动。当由工作面推进产生的外部能量与由煤层冲刷带形成的内部能量相遇时，内、外部能量相互叠加，在工作面前方形成高应力区，能量迅速集聚和增加，如图 6.3（b）所示。

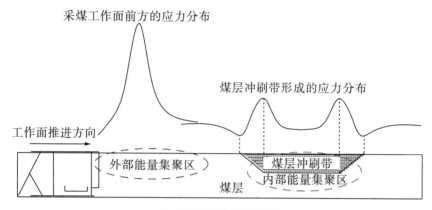

(a)内部能量与外部能量

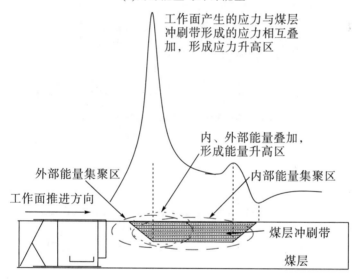

(b)能量升高区

图 6.3　煤层冲刷带附近应力及能量分布示意图

若工作面前方的能量与煤层冲刷带内的能量相互叠加而集聚的能量大于阻力区岩石破坏所需能量，则 $Q>0$，会发生冲击。若 Q 接近 1，说明储存区能量克服阻力区能量后的剩余能量较大，能够向外释放的能量较多，发生冲击的危险性较大。

6.2.1　数值模型

利用 FLAC[3D]数值模拟软件，对煤层冲刷带内的应力和能量变化进行研究。模型尺寸为 200m（长）×100m（厚）×100m（高），煤层直接顶为细砂岩，老顶为中砂岩，底板为粉砂岩，在直接顶与煤层交界处设应力检测线。煤层冲刷带的上宽为 60m，下宽为 20m，最薄处煤层厚度被侵蚀掉 3m，煤层冲刷带下部存在厚 2mm 煤层，即煤层冲刷带中间部位的煤-岩高度比为 3：2，模型如图 6.4 所示。模拟深度为 688m 的压力，垂直应力为 17.2MPa。模型侧压力系数为 0.8，即水平应力在 x、y 方向施加 13.76MPa，模型为莫尔－库仑模型，各岩层的力学参数见表 6.1。

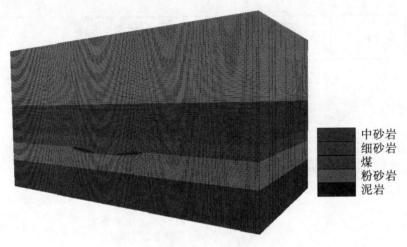

中砂岩
细砂岩
煤
粉砂岩
泥岩

图 6.4　数值模型

表 6.1　各岩层力学参数

岩层	密度 （kg/m）	弹性模量 （GPa）	泊松比	内摩擦角 （°）	内聚力 （MPa）	抗拉强度 （MPa）
中砂岩	2450	59.5	0.20	36	5.82	5.13
细砂岩	2660	27.10	0.18	38	7.41	7.52
煤	1680	3.52	0.19	28	3.77	2.05
粉砂岩	2720	31.33	0.15	40	11.83	9.89
泥岩	2130	16.73	0.24	37	3.95	1.91

6.2.2　应力及能量分布特征

根据煤层冲刷带的结构特征，将 1314 工作面在煤层冲刷带附近的推进过程分为三个阶段：工作面进入煤层冲刷带阶段、煤层冲刷带内推进阶段和逐渐远离煤层冲刷带阶段。选择 11 个具有代表性的工作面位置来研究煤壁前方的应力和能量分布特征。工作面位置如图 6.5 所示。

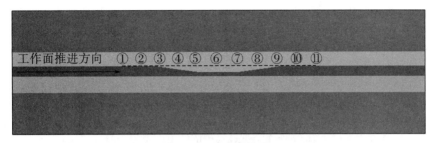

图 6.5　工作面位置

　　图 6.6 为工作面推进过程中的应力分布和峰值应力分布。图 6.6(a) 为工作面推进过程中的应力分布曲线。由图可知，随着工作面向前推进，应力曲线也逐渐向前移动。这是因为煤层冲刷带内煤－岩高度比变化，使工作面在推进过程中的应力曲线发生不同程度的变化。图 6.6(b) 为工作面推进过程中的峰值应力分布曲线。由图可知，工作面在位置 4 和位置 8 的峰值应力较大，即工作面在煤层冲刷带边坡中部时峰值应力较大。这是因为煤层冲刷带边坡中部煤－岩高度比较小，产生的应力和集聚的能量较大。工作面在位置 3 和位置 9 的峰值应力较小。这是因为煤层冲刷带边缘处煤－岩高度比较大，产生的应力和集聚的能量较小。

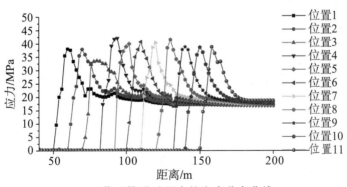

(a)工作面推进过程中的应力分布曲线

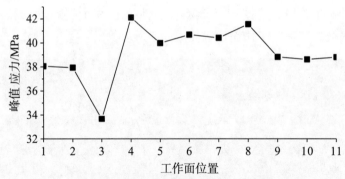

(b)工作面推进过程中的峰值应力分布曲线

图 6.6　工作面推进过程中的应力分布

工作面在位置 4 的峰值应力大于位置 8，这是因为位置 4 煤–岩高度比较小，产生的应力较高，与工作面前方应力相互叠加后产生的应力较大；位置 8 煤–岩高度比较大，产生的应力较小，与工作面前方应力相互叠加后产生的应力较小。说明工作面进入煤层冲刷带时的峰值应力比离开时的大。

根据式（6.2）～式（6.5）计算工作面在位置 2～位置 10 的能量，并对工作面前方存储区能量函数 $f(x_s)$ 和阻力区能量函数 $f(x_r)$ 进行拟合。位置 2～位置 10 的能量变化曲线及函数拟合结果如图 6.7 所示，存储区能量和阻力区能量的变化曲线如图 6.8 所示。

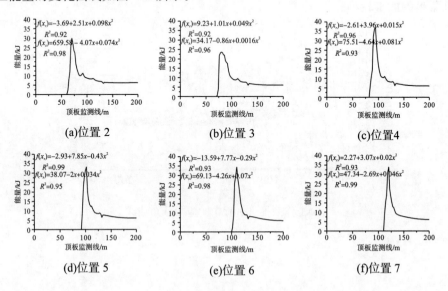

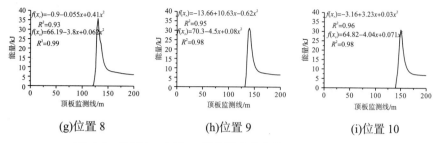

(g)位置 8　　　　　　　(h)位置 9　　　　　　　(i)位置 10

图 6.7　位置 2～位置 10 的能量变化曲线及函数拟合结果

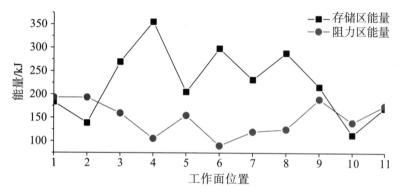

图 6.8　存储区与阻力区的能量变化曲线

由图 6.8 可知，当工作面从位置 1 推进至位置 11 时，存储区和阻力区的能量有较大变化。首先，随着工作面推进，存储区能量波动较大，阻力区能量波动较小。煤层冲刷带内存储区能量高于阻力区能量，说明工作面推进时会产生剩余能量。存储区能量在位置 4、位置 6 及位置 8 出现三个高峰，分别是工作面在煤层冲刷带左侧边坡中部、底部中间部位及右侧边坡中部产生的。其中，位置 4 存储区能量高于位置 8 存储区能量，这是由于位置 4 煤-岩高度比较小，集聚能量较大；位置 8 煤-岩高度比较大，集聚能量相对较小。这说明工作面进入煤层冲刷带时存储区集聚的能量高于离开时存储区集聚的能量。

当能量判断系数 $Q>0$ 时，满足发生冲击的条件。Q 越大，发生冲击的可能性越大，Q 越接近 1，发生冲击时向外释放的能量占存储区能量越多。Q 与工作面位置关系如图 6.9 所示。由图可知，Q 在煤层冲刷带内均大于 0，说明工作面在煤层冲刷带推进过程发生冲击的可能性较大。工作面在位置 4、位置 6 及位置 8 的能量判断系数分别为 0.71、0.69 及 0.57，呈逐渐下降趋势，说明工作面进入煤层冲刷带将释放更多的能量，发生冲击的危险性更高。因为工作面进入煤层冲刷带煤-岩高度比逐渐减小，根据第 2～5 章的分析，此过程产生的能量逐渐增多，煤-岩结构体的冲击能量指数和弹性能量指数较大，引发冲击的可能性较大；工作面逐渐离开煤层冲刷带煤-岩高度比逐渐增大，产生的应力和能量也随之减小，煤-岩结构体的冲击能量指数和弹性能量指数小，引发冲击的可能性相对较小。能量判断系数 Q 的结果与煤-岩结构体的试验结果一致。

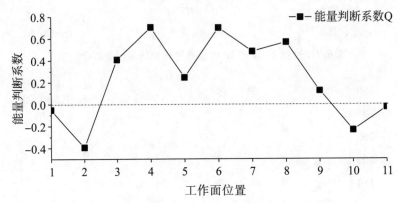

图 6.9　能量判断系数与工作面位置关系

6.2.3　现场应用效果监测

6.2.3.1　微震监测

微震监测的本质是岩体释放能量，利用微震技术掌握微震信号规律，对震源方位、微震能量和微震频次进行分析，以微震能量和微震频次的异常变化作为冲击地压是否发生的判据。

利用微震监测系统对 1314 工作面进行实时监测，图 6.10 为总微震能量、总微震次数与工作面推进时间的关系曲线。由图可知，工作面进入煤层冲刷带时的总微震能量和总微震次数大于离开时的总微震能量和总微震次数。当工作面在冲刷带边坡时，现场工作人员听到巨大的岩石破碎声，巷道围岩表面出现大裂缝。这表明该范围释放的能量较多，发生冲击的可能性较大，现场微震监测结果与上述分析一致。

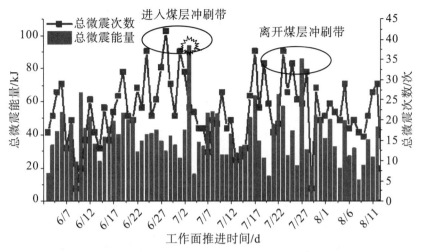

图 6.10　总微震能量、总微震次数与工作面推进时间的关系曲线

6.2.3.2　钻屑法监测

钻屑法是一种常用的预测冲击地压的方法，其基本思想是：在受压煤层中钻小孔，当钻孔进入煤体高应力区时，单位长度排出的煤粉量大于正常情况下的，同时伴有震动、声响、卡钻等现象，由此判断冲击危险性。

《冲击地压煤层安全开采暂行规定》规定，用钻屑量指数判断工作地点冲击危险性，可参照表 6.2 执行。当钻屑量指数达到相应指标或出现钻杆卡死等现象，可判断为所测地点有冲击危险。

表 6.2　判断冲击危险性的钻屑量指数

钻孔深度/煤层开采厚度（λ）	1.5	1.5～3.0	3.0
钻屑量指数（K）	≥1.5	2.0～3.0	≥4.0

钻屑量指数的表达式为：

$$K = \frac{G_{S}}{G_{Z}} \tag{6.7}$$

式中，G_Z 是每米正常钻屑量（指在支撑压力影响范围外的钻屑量）；G_S 是每米实际钻屑量（指在支承压力影响范围内的钻屑量）。

钻屑量主要由静态钻屑量和动态钻屑量组成。静态钻屑量主要指钻孔煤体的重量，与钻孔直径有关。动态钻屑量主要是钻孔弹性变形产生的附加钻屑，与围岩的应力状态和力学性质有关。

静态钻屑量 G_1 的计算式为：

$$G_1 = \pi r^2 \rho \tag{6.8}$$

式中，r 为钻孔半径（mm）；ρ 为煤体密度（kg/m³）。

动态钻屑量 G_2 的计算式为：

$$G_2 = 2\pi r^2 \rho\sigma \frac{1+\mu}{E} \tag{6.9}$$

式中，μ 为煤体泊松比；E 为煤体弹性模量；σ 为垂直应力。

总钻屑量可以表示为：

$$G = G_1 + G_2 = \pi r^2 \rho + 2\pi r^2 \rho\sigma \frac{1+\mu}{E} \tag{6.10}$$

根据广义虎克定律，单位岩石的可释放弹性变形能 U 可表示为：

$$U = \frac{\sigma^2}{2E} \tag{6.11}$$

根据式（6.10）、式（6.11）得出钻屑量与弹性变形能的关系为：

$$U = \frac{(G - \pi r^2 \rho)^2 E}{8\pi^2 r^4 \rho^2 (1+\mu)^2} \tag{6.12}$$

当确定钻孔直径和钻孔位置时，煤体的密度、泊松比和弹性模量是常数，故定义如下：

$$A = \frac{E}{8\pi^2 r^4 \rho^2 (1+\mu)^2} \tag{6.13}$$

式（6.12）可以表示为：

$$U = A(G - G_1)^2 = A{G_2}^2 \tag{6.14}$$

所以，动态钻屑量与此处可释放弹性变形能是二次函数关系。

因为 1314 工作面过煤层冲刷带过程中的煤层厚度是变化的，所以钻孔位置均设置在煤层厚度中间位置，每天对钻屑量进行统计，结果如图 6.11 所示。由图可知，煤层冲刷带附近的钻屑量较大，工作面进入煤层冲刷带时产生的钻屑量略高于离开时产生的钻屑量，说明煤层冲刷带内集聚的能量较大，工作面进入煤层冲刷带时集聚的能量高于离开时集聚的能量。

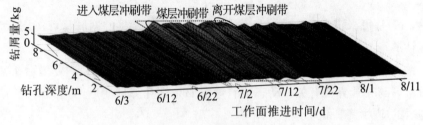

图 6.11　钻屑量统计

根据钻屑量指数的定义分别绘制工作面进入及离开煤层冲刷带时钻屑量指

数的变化曲线，如图 6.12 所示。图中虚线部分为极限钻屑量指数随钻孔深度
与煤层开采厚度比值的变化曲线，高于虚线部分可认为具有冲击危险。由图可
知，工作面在煤层冲刷带附近的钻屑量指数均高于极限钻屑量指数，说明煤层
冲刷带内煤-岩高度比小的区域集聚的能量较多，冲击危险性较大。工作面进
入煤层冲刷带时的钻屑量指数比离开时的大，说明工作面进入煤层冲刷带时的
冲击危险性较大。

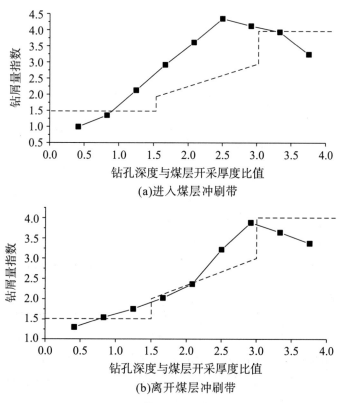

图 6.12　钻屑量指数变化曲线

参考文献

Amann F, Button E A, Evans K F, et al. Experimental study of the brittle behavior of clay shale in rapid unconfined compression [J]. Rock Mechanics and Rock Engineering, 2011, 44 (4): 415−430.

Ammar I B, Karra C, Mahi A E I, et al. Mechanical behavior and acoustic emission technique for detecting damage in sandwich structures [J]. Applied Acoustic, 2014, 86 (86): 106−117.

Bagde M N, Petroš V. Fatigue and dynamic energy behavior of rock subjected to cyclical loading [J]. International Journal of Rock Mechanics and Mining Sciences, 2009, 46 (1): 200−209.

Bagde M N, Petroš V. Fatigue properties of intact sandstone samples subjected to dynamic uniaxial cyclical loading [J]. International Journal of Rock Mechanics and Mining Sciences, 2005, 42 (2): 237−250.

Bao C, Tang C A, Cai M, et al. Spacing and failure mechanism of edge fracture in two−layered materials [J]. International Journal of Fracture, 2013, 181 (2): 241−255.

Biswas K P D, Peng S S P D. A unique approach to determining the time−dependent in situ strength of coal pillars [J]. Proceedings of the Second International Workshop on Coal Pillar Mechanics and Design, 1999 (8): 5−13.

Casten U, Fajklewicz Z. Induced gravity anomalies and rock−burst risk in coal mines: a case history [J]. Geophys Prospect, 2010, 41 (1): 1−13.

Chen X H, Li W Q, Yan X Y. Analysis on rockburst danger when fully−

mechanized caving coal face passed fault with deep mining [J]. Safety Science, 2012, 50 (4): 645—648.

Dou L, Me H. Spatial structure evolution of overlying strata and inducing mechanism of rockburst in coal mine [J]. Transactions of Nonferrous Metals Society of China, 2014, 24 (4): 1255—1261.

Eberhardt E, Stead D, Stimpson B, et al. Changes in acoustic event properties with progressive fracture damage [J]. International Journal of Rock Mechanics and Mining Sciences, 1997, 34 (3): 61—71.

Eberhardt E, Stead D, Stimpson B. Quantifying progressive pre. peak brittle fracture damage in rock during uniaxial compression [J]. International Journal of Rock Mechanics and Mining Sciences, 1999, 36 (3): 361—380.

Fonseka G M, Murrell S A, Barnes P. Scanning electron micro—scope and acoustic emission stu—dies of crack development in rocks [J]. International Journal of Rock Mechanics & Mining Science & Geomechanics Abstracts, 1985, 22 (5): 273—289.

Griffith W A, Becker J, Cione K, et al. 3D topographic stress perturbations and implications for ground control in underground coal mines [J]. International Journal of Rock Mechanics and Mining Sciences, 2014 (70): 59—68.

He M M, Li N, Chen Y S, et al. Strength and fatigue properties of sandstone under dynamic cyclic loading [J]. Shock and Vibration, 2016: 1—8.

Hu Y B, Wu Y Q, Kang H Q, et al. Application of the mine multi—wave seismograph in the measurement of coal seam washout zone [J]. Applied Mechanics and Materials, 2012 (103): 20—24.

Kidybinski A. Bursting liability indices of coal [J]. International Journal of Rock Mechanics and Mining Sciences & Geomechanics Abstracts, 1981, 18 (4): 295—304.

Li L C, Tang C A, Wang S Y. Anumerical investigation of fracture infilling and spacing in layered rocks subjected to hydro—mechanical loading [J]. Rock Mechanics and Rock Engineering, 2012, 45 (5): 753—765.

Pearson J, Murchison D G. Influence of a sandstone washout on the properties of an underlying coal seam [J]. Fuel, 1990, 69 (2): 251—253

Petukhov I M, Linkov A M. The theory of post—failure deformations and the problem of stability in rock mechanics [J]. International Journal of Rock Mechanics and Mining Science & Geomechanics Abstracts, 1979, 16 (2): 57—76.

Petukhov I M, Linkov A M. The theory of post—failure deformations and the problem of stability in rock mechanics [J]. International Journal of Rock Mechanics & Mining Sciences & Geomechanics Abstracts, 1979, 16 (2): 57—76.

Shkuratnik V L, Novikov E A. Correlation of thermally induced acoustic emissionand ultimate compression strength in hard rocks [J]. Journal of Mining Science, 2012, 48 (4): 629—635.

Shkuratnik V L, Novikov E A. Physical modeling of the grain size influence on acousticemission in the heated geomaterials [J]. Journal of Mining Science, 2012, 48 (1): 9—14.

Thomas H, Yann G, Olivier D. Predicting pillar burst by an explicit modelling of kinetic energy [J]. International Journal of Rock Mechanics and Mining Sciences, 2018 (107): 159—171.

Vinnikov A S, Voznesenskii K B, Ustinov, et al. Theoretical models of acoustic emission in rocks with different heating regimes [J]. Journal of Applied Mechanics and Technical Physics, 2010, 51 (1): 84—88.

Xiao J Q, Ding D X, Jiang F L, et al. Fatigue damage variable and evolution of rock subjected to cyclic loading [J]. International Journal of Rock Mechanics and Mining Sciences, 2010, 47 (3): 461—468.

Xie H P, Li L Y, Ju Y, et al. Energy analysis for damage and catastrophic failure of rocks [J]. Science China Technological Sciences, 2011, 54 (1): 199—209.

Xue L, Qin S, Sun Q, et al. A study on crack damage stress thresholds of different rock types based on uniaxial compression tests [J]. Rock Mechanics and Rock Engineering, 2014, 47 (4): 1183—1195.

Yan P, Zhao Z G, Lu W B, et al. Mitigation of rockburst events by blasting techniques during deep — tunnel excavation [J]. Engineering Geology,

2015 (188): 126—136.

Zhao G B, Wang D Y, Gao B, et al. Modifying rockburst criteria based on observations in a division tunnel [J]. Engineering Geology, 2016 (216): 153—160.

Zhao Z H, Wang W M, Yan J X. Strain localization and failure evolution analysis of soft rock－coal－soft rock combination model [J]. Journal of Applied Sciences, 2013, 13 (7): 1094—1099.

Zubelewicz A, Mróz Z. Numerical simulation of rock burst processes treated as problems of dynamic instability [J]. Rock Mechanics & Rock Engineering, 1983, 16 (4): 253—274.

毕贤顺, 陈华艳. FGM 受冲击载荷作用下裂纹尖端应力的数值分析 [J]. 辽宁工程技术大学学报 (自然科学版), 2011, 30 (4): 522—525.

蔡国军, 冯伟强, 赵大安, 等. 三轴循环荷载下砂岩变形及损伤力学试验研究 [J]. 水力发电, 2019, 45 (10): 44—48, 74.

蔡永博, 王凯, 徐超. 煤岩单体及原生组合体变形损伤特性对比试验研究 [J]. 矿业科学学报, 2020, 5 (3): 278—283.

陈峰, 潘一山, 李忠华, 等. 基于钻屑法的冲击地压危险性检测研究 [J]. 中国地质灾害与防治学报, 2013, 24 (2): 116—119.

陈光波, 秦忠诚, 张国华, 等. 受载煤岩组合体破坏前能量分布规律 [J]. 岩土力学, 2020 (2): 1—13.

陈国庆, 赵聪, 魏涛, 等. 基于全应力－应变曲线及起裂应力的岩石脆性特征评价方法 [J]. 岩石力学与工程学报, 2018, 37 (1): 51—59.

陈绍杰, 尹大伟, 张保良, 等. 顶板－煤柱结构体力学特性及其渐进破坏机制研究 [J]. 岩石力学与工程学报, 2017, 36 (7): 1588—1598.

陈腾飞, 许金余, 刘石, 等. 岩石在冲击压缩破坏过程中的能量演化分析 [J]. 地下空间与工程学报, 2013, 9 (S1): 1477—1482.

陈岩, 左建平, 宋洪强, 等. 煤岩组合体循环加卸载变形及裂纹演化规律研究 [J]. 采矿与安全工程学报, 2018, 35 (4): 826—833.

陈岩, 左建平, 魏旭, 等. 煤岩组合体破坏行为的能量非线性演化特征 [J]. 地下空间与工程学报, 2017, 13 (1): 124—132.

董春亮, 赵光明. 基于能量耗散和声发射的岩石损伤本构模型 [J]. 地下空间与工程学报, 2015, 11 (5): 1116—1122, 1128.

窦林名，陆菜平，牟宗龙，等. 组合煤岩冲击倾向性特性试验研究 [J]. 采矿与安全工程学报，2006 (1)：43−46.

窦林名，田京城，陆菜平，等. 组合煤岩冲击破坏电磁辐射规律研究 [J]. 岩石力学与工程学报，2005 (19)：143−146.

段会强. 三轴周期荷载作用下煤的疲劳破坏及分形特征研究 [D]. 青岛：山东科技大学，2018.

方德斌，时珊珊，杨建鹏. 新常态下中国能源需求预测预警研究 [J]. 资源开发与市场，2017，33 (1)：8−13，26.

冯涛，潘长良，王宏图，等. 测定岩爆岩石弹性变形能量指数的新方法 [J]. 中国有色金属学报，1998 (2)：165−168.

冯雨，谢守祥. 中国煤炭产业周期性影响因素研究 [J]. 中国煤炭，2014，40 (1)：6−10，24.

付斌，周宗红，王海泉，等. 大理岩单轴循环加卸载破坏声发射先兆信息研究 [J]. 煤炭学报，2016，41 (8)：1946−1953.

付斌，周宗红，王友新，等. 不同煤岩组合体力学特性的数值模拟研究 [J]. 南京理工大学学报，2016，40 (4)：485−492.

付斌，周宗红，王友新，等. 煤岩组合体破坏过程 RFPA^{2D} 数值模拟 [J]. 大连理工大学学报，2016，56 (2)：132−139.

付玉凯. 基于剩余能量释放率指标的组合煤岩体冲击倾向性研究 [J]. 煤矿安全，2018，49 (9)：63−67.

高芸，王恩元，赵恩来，等. 煤岩体冲击倾向性指标相关性研究 [J]. 煤矿安全，2013，44 (8)：33−35.

高振秋. 煤岩体破坏机理与冲击倾向性研究 [D]. 大连：大连理工大学，2015.

葛修润，蒋宇，卢允德，等. 周期荷载作用下岩石疲劳变形特性试验研究 [J]. 岩石力学与工程学报，2003 (10)：1581−1585.

郭东明. 湖西矿井深部煤岩组合体宏细观破坏试验与理论研究 [D]. 北京：中国矿业大学 (北京)，2010.

郭建强，黄武峰，刘新荣，等. 基于可释放应变能的岩石扩容准则 [J]. 煤炭学报，2019，44 (7)：2094−2102.

郭军杰，程晓阳. 循环载荷下煤样裂隙演化试验及数值模拟 [J]. 煤矿安全，2019，50 (9)：71−74.

郭伟耀，周恒，徐宁辉，等. 煤岩组合体力学特性模拟研究［J］. 煤矿安全，2016，47（2）：33-35，39.

郭印同，赵克烈，孙冠华，等. 周期荷载下盐岩的疲劳变形及损伤特性研究［J］. 岩土力学，2011，32（5）：1353-1359.

韩超，庞德朋，李德建. 砂岩分级加卸载蠕变试验过程能量演化分析［J］. 岩土力学，2020（4）：1-10.

韩建国. 能源结构调整"软着陆"的路径探析——发展煤炭清洁利用、破解能源困局、践行能源革命［J］. 管理世界，2016（2）：3-7.

何俊，潘结南，王安虎. 三轴循环加卸载作用下煤样的声发射特征［J］. 煤炭学报，2014，39（1）：84-90.

何明明，陈蕴生，李宁，等. 单轴循环荷载作用下砂岩变形特性与能量特征［J］. 煤炭学报，2015，40（8）：1805-1812.

侯志星. 浅谈煤层冲刷带及其处理［J］. 山西焦煤科技，2014（S1）：148-149.

胡广，赵其华，何云松，等. 循环荷载作用下斜长花岗岩弹性模量演化规律［J］. 工程地质学报，2016，24（5）：881-890.

华安增. 地下工程周围岩体能量分析［J］. 岩石力学与工程学报，2003（7）：1054-1059.

姜耀东，潘一山，姜福兴，等. 我国煤炭开采中的冲击地压机理和防治［J］. 煤炭学报，2014，39（2）：205-213.

姜耀东，王涛，宋义敏，等. 煤岩组合结构失稳滑动过程的实验研究［J］. 煤炭学报，2013，38（2）：177-182.

兰永伟，高红梅，张国华，等. 单轴压缩下不同煤岩组合体峰前、峰后变形能变化规律研究［J］. 中国矿业，2020，29（5）：135-141.

黎立云，谢和平，鞠杨，等. 岩石可释放应变能及耗散能的实验研究［J］. 工程力学，2011，28（3）：35-40.

李成杰，徐颖，张宇婷，等. 冲击荷载下裂隙类煤岩组合体能量演化与分形特征研究［J］. 岩石力学与工程学报，2019，38（11）：2231-2241.

李存宝，谢和平，谢凌志. 页岩起裂应力和裂纹损伤应力的试验及理论［J］. 煤炭学报，2017，42（4）：969-976.

李宏艳，莫云龙，孙中学，等. 基于响应能量和无响应时间的冲击危险性动态评价技术［J］. 煤炭学报，2019，44（9）：2673-2681.

李蒙蒙，刘靖，刘帅，等. 基于 Ansys 对不同界面倾角煤岩组合体的破坏分析 [C] //北京力学会. 北京力学会第 19 届学术年会论文集，2013：338-339.

李树春，许江，陶云奇，等. 岩石低周疲劳损伤模型与损伤变量表达方法 [J]. 岩土力学，2009，30 (6)：1611-1614，1619.

李文华. 新时期国家能源发展战略问题研究 [D]. 天津：南开大学，2013.

李夕兵，贺显群，陈红江. 渗透水压作用下类岩石材料张开型裂纹启裂特性研究 [J]. 岩石力学与工程学报，2012，31 (7)：1317-1324.

李晓璐. 基于 FLAC³ᴰ 的煤岩组合模型冲击倾向性研究 [J]. 煤炭工程，2012 (6)：80-82.

李杨杨，张士川，文志杰，等. 循环载荷下煤样能量转化与碎块分布特征 [J]. 煤炭学报，2019，44 (5)：1411-1420.

李银平，杨春和. 裂纹几何特征对压剪复合断裂的影响分析 [J]. 岩石力学与工程学报，2006 (3)：462-466.

李忠友，姚志华，胡柏. 基于能量耗散特征的脆性岩土材料三轴压缩损伤模型 [J]. 建筑科学与工程学报，2019，6 (4)：80-86.

连鸿全，王桂峰，袁晓园. 微震多维信息远程解析与冲击地压机制研究 [J]. 煤炭科技，2019，40 (5)：1-5.

廖志恒，桂祥友，徐佑林. 煤矿钻屑量与解吸指标的测定及误差分析 [J]. 矿业研究与开发，2008 (2)：75-77.

林鹏，唐春安，陈忠辉，等. 二岩体系统破坏全过程的数值模拟和实验研究 [J]. 地震，1999 (4)：413-418.

刘保县，黄敬林，王泽云，等. 单轴压缩煤岩损伤演化及声发射特性研究 [J]. 岩石力学与工程学报，2009，28 (S1)：3234-3238.

刘建锋，徐进，李青松，等. 循环荷载下岩石阻尼参数测试的试验研究 [J]. 岩石力学与工程学报，2010，29 (5)：1036-1041.

刘建新，唐春安，朱万成，等. 煤岩串联组合模型及冲击地压机理的研究 [J]. 岩土工程学报，2004 (2)：276-280.

刘杰，王恩元，宋大钊，等. 岩石强度对于组合试样力学行为及声发射特性的影响 [J]. 煤炭学报，2014，39 (4)：685-691.

刘文岗. 冲击地压灾害结构失稳机理的组合体试验研究 [J]. 西安科技大学学报，2012，32 (3)：287-294.

刘新东，郝际平. 连续介质损伤力学 [M]. 北京：国防工业出版社，2011.

刘学生，谭云亮，宁建国，等. 采动支承压力引起应变型冲击地压能量判据研究 [J]. 岩土力学，2016，37 (10)：2929—2936.

刘亚运，苗胜军，魏晓，等. 三轴循环加卸载下花岗岩损伤的声发射特征及能量机制演化 [J]. 矿业研究与开发，2016，36 (6)：68—72.

陆菜平，窦林名，吴兴荣. 组合煤岩冲击倾向性演化及声电效应的试验研究 [J]. 岩石力学与工程学报，2007 (12)：2549—2555.

陆振裕，窦林名，徐学锋，等. 钻屑法探测巷道围岩应力及预测冲击危险新探究 [J]. 煤炭工程，2011 (1)：72—74.

罗吉安，李欣慰. 循环加卸载作用下的岩石损伤本构模型 [J]. 安徽理工大学学报（自然科学版），2020，40 (1)：16—20.

马春驰，李天斌，张航，等. 岩爆微震特征的支护体系刚度效应初探 [J]. 岩石力学与工程学报，2019，38 (S1)：2976—2987.

马林建，刘新宇，许宏发，等. 循环荷载作用下盐岩三轴变形和强度特性试验研究 [J]. 岩石力学与工程学报，2013，32 (4)：849—856.

梅年峰. 循环动荷载作用下脆性岩石疲劳损伤力学特性研究 [D]. 武汉：中国地质大学，2014.

苗磊刚，牛园园，石必明. 不同应变率下岩－煤－岩组合体冲击动力试验研究 [J]. 振动与冲击，2019，38 (17)：137—143.

聂鑫，周安朝. 煤岩高度比对组合体力学特性影响的数值分析 [J]. 煤炭技术，2018，37 (3)：102—104.

牛森营. 豫西煤厚变化控制煤与瓦斯突出的机理分析 [J]. 煤矿安全，2011，42 (7)：127—128.

欧阳广臣，满超. 冲击危险工作面转采期间微震活动规律研究 [J]. 现代矿业，2019，35 (10)：204—207.

潘俊锋，宁宇，杜涛涛，等. 区域大范围防范冲击地压的理论与体系 [J]. 煤炭学报，2012，37 (11)：1803—1809.

潘俊锋，宁宇，毛德兵，等. 煤矿开采冲击地压启动理论 [J]. 岩石力学与工程学报，2012，31 (3)：586—596.

潘一山，耿琳，李忠华. 煤层冲击倾向性与危险性评价指标研究 [J]. 煤炭学报，2010，35 (12)：1975—1978.

彭可平，董智慧，李学彬，等. 煤层冲刷带软岩巷道支护技术研究 [J]. 中国资源综合利用，2011，29 (7)：47—49.

齐庆新，李一哲，赵善坤，等. 矿井群冲击地压发生机理与控制技术探讨 [J]. 煤炭学报，2019，44（1）：141-150.

齐庆新，欧阳振华，赵善坤，等. 我国冲击地压矿井类型及防治方法研究 [J]. 煤炭科学技术，2014，42（10）：1-5.

齐庆新，史元伟，刘天泉. 冲击地压粘滑失稳机理的实验研究 [J]. 煤炭学报，1997（2）：34-38.

秦宏波. 浅谈我国中长期能源消费需求和对策 [J]. 上海节能，2017（2）：59-63.

秦四清，王思敬. 煤柱-顶板系统协同作用的脆性失稳与非线性演化机制 [J]. 工程地质学报，2005（4）：437-446.

秦涛，段燕伟，刘志，等. 砂岩循环加卸载过程能量的演化与损伤特性 [J]. 黑龙江科技大学学报，2020，30（1）：8-15.

秦忠诚，陈光波，李谭，等. 冲击地压"能量关键层"确定实验研究 [J]. 山东科技大学学报（自然科学版），2018，37（6）：1-10.

秦忠诚，陈光波，秦琼杰. 组合方式对煤岩组合体力学特性和冲击倾向性影响实验研究 [J]. 西安科技大学学报，2017，37（5）：655-661.

曲效成，姜福兴，于正兴，等. 基于当量钻屑法的冲击地压监测预警技术研究及应用 [J]. 岩石力学与工程学报，2011，30（11）：2346-2351.

任建喜. 三轴压缩岩石细观损伤扩展特性 CT 实时检测 [J]. 实验力学，2001（4）：387-395.

邵光耀，赵永伟. 围压对煤岩组合体能量释放和耗散的影响 [C] //北京力学会. 北京力学会第二十四届学术年会会议论文集，2018：284-287.

苏承东，高保彬，袁瑞甫，等. 平顶山矿区煤层冲击倾向性指标及关联性分析 [J]. 煤炭学报，2014，39（S1）：8-14.

孙琦，张淑坤，卫星，等. 考虑煤柱黏弹塑性流变的煤柱-顶板力学模型 [J]. 安全与环境学报，2015，15（2）：88-91.

孙益振，邵龙潭. 三轴循环加卸载条件下砂性土变形特性研究 [J]. 岩土工程学报，2005（11）：118-122.

唐礼忠，王文星. 一种新的岩爆倾向性指标 [J]. 岩石力学与工程学报，2002（6）：874-878.

唐晓军，许江，闫兵. 基于声发射损伤变量的岩石疲劳演化描述方法 [J]. 土工基础，2013，27（6）：81-83，110

王晨，师启龙，胡俊，等. 含单一夹矸组合煤岩试样的失稳机理研究 [J]. 中国石油和化工标准与质量，2017，37（15）：124-126.

王创业，谷雷，高照. 微震监测技术在矿山中的研究与应用 [J]. 煤炭技术，2019，38（10）：45-48.

王光中. 材料的疲劳 [M]. 北京：国防工业出版社，1993.

王金安，李大钟，马海涛. 采空区矿柱-顶板体系流变力学模型研究 [J]. 岩石力学与工程学报，2010，29（3）：577-582.

王晓南，陆菜平，薛俊华，等. 煤岩组合体冲击破坏的声发射及微震效应规律试验研究 [J]. 岩土力学，2013，34（9）：2569-2575.

王学滨. 煤岩两体模型变形破坏数值模拟 [J]. 岩土力学，2006（7）：1066-1070.

王延宁. 裂隙岩体变形局部化及能量演化规律模拟试验研究 [D]. 成都：成都理工大学，2014.

王宇，李晓，武艳芳，等. 脆性岩石起裂应力水平与脆性指标关系探讨 [J]. 岩石力学与工程学报，2014，33（2）：264-275.

王云飞，郑晓娟，焦华喆，等. 花岗岩破坏过程能量演化机制与能量屈服准则 [J]. 爆炸与冲击，2016，36（6）：876-882.

魏元龙，杨春和，郭印同，等. 单轴循环荷载下含天然裂隙脆性页岩变形及破裂特征试验研究 [J]. 岩土力学，2015，36（6）：1649-1658.

魏元龙，杨春和，郭印同，等. 三轴循环荷载下页岩变形及破坏特征试验研究 [J]. 岩土工程学报，2015，37（12）：2262-2271.

吴爱民. 钱家营近距离煤层煤岩体破坏与巷道优化支护研究 [D]. 北京：中国矿业大学（北京），2010.

吴根水. 薄煤层开采条件下煤岩体巷道不均匀变形及稳定性控制 [D]. 长沙：湖南科技大学，2019.

肖建清. 循环荷载作用下岩石疲劳特性的理论与实验研究 [D]. 长沙：中南大学，2009.

谢海洋，苏礼，李志鹏. 河西矿煤岩组合冲击倾向性及声发射特征试验分析 [J]. 煤，2017，26（12）：16-19.

谢和平，鞠杨，董毓利. 经典损伤定义中的"弹性模量法"探讨 [J]. 力学与实践，1997（2）：2-6.

谢和平，鞠杨，黎立云，等. 岩体变形破坏过程的能量机制 [J]. 岩石力学与工程学报，2008（9）：1729-1740.

谢和平，鞠杨，黎立云. 基于能量耗散与释放原理的岩石强度与整体破坏准则 [J]. 岩石力学与工程学报，2005（17）：3003-3010.

谢和平，刘虹，吴刚. 煤炭对国民经济发展贡献的定量分析 [J]. 中国能源，2012，34（4）：5-9.

谢和平，彭瑞东，鞠杨. 岩石变形破坏过程中的能量耗散分析 [J]. 岩石力学与工程学报，2004（21）：3565-3570.

谢和平. 岩石混凝土损伤力学 [M]. 徐州：中国矿业大学出版社，1990.

谢和平. 中国能源中长期（2030、2050）发展战略研究·煤炭卷 [M]. 北京：科学出版社，2011.

徐速超，冯夏庭，陈炳瑞. 矽卡岩单轴循环加卸载试验及声发射特性研究 [J]. 岩土力学，2009，30（10）：2929-2934.

徐颖，李成杰，郑强强，等. 循环加卸载下泥岩能量演化与损伤特性分析 [J]. 岩石力学与工程学报，2019，38（10）：2084-2091.

许江，唐晓军，李树春，等. 循环载荷作用下岩石声发射时空演化规律 [J]. 重庆大学学报，2008，31（6）：672-676.

许江，鲜学福，王鸿. 循环载荷作用下周期充水岩石变形规律的研究 [J]. 地下空间与工程学报，2006（4）：556-560.

许江，杨秀贵，王鸿，等. 周期性载荷作用下岩石滞回曲线的演化规律 [J]. 西南交通大学学报，2005（6）：754-758.

许江，张媛，杨红伟，等. 循环孔隙水压力作用下砂岩变形损伤的能量演化规律 [J]. 岩石力学与工程学报，2011，30（1）：141-148.

薛俊华，刘超，王龙. 组合串联煤岩冲击倾向性影响因素数值模拟 [J]. 西安科技大学学报，2016，36（1）：65-69.

杨二豪. 煤岩组合体单轴压缩声发射特性及裂隙扩展规律试验研究 [D]. 西安：西安科技大学，2019.

杨慧，曹平，江学良，等. 双轴压缩下闭合裂纹应力强度因子的解析与数值方法 [J]. 中南大学学报（自然科学版），2008（4）：850-855.

杨杰，黄声树，孙海涛，等. 不同冲击倾向性型煤的制取及其力学指标测定 [J]. 煤炭技术，2019，38（4）：148-151.

杨科，刘文杰，窦礼同，等. 煤岩组合体界面效应与渐进失稳特征试验 [J]. 煤炭学报，2020，45（5）：1691-1700.

杨磊，高富强，王晓卿，等. 煤岩组合体的能量演化规律与破坏机制［J］. 煤炭学报，2019，44（12）：3894-3902.

杨睿. 煤炭作为主要能源的地位短期难改变［N］. 第一财经日报，2015-01-13（A14）.

杨永杰，宋扬，楚俊. 循环荷载作用下煤岩强度及变形特征试验研究［J］. 岩石力学与工程学报，2007（1）：201-205.

杨永杰. 煤岩强度、变形及微震特征的基础试验研究［D］. 青岛：山东科技大学，2006.

姚精明，闫永业，刘茜倩，等. 基于能量理论的煤岩体破坏电磁辐射规律研究［J］. 岩土力学，2012，33（1）：233-237，242.

姚精明，闫永业，尹光志，等. 坚硬顶板组合煤岩样破坏电磁辐射规律及其应用［J］. 重庆大学学报，2011，34（5）：71-75，81.

尹光志，李贺，鲜学福，等. 煤岩体失稳的突变理论模型［J］. 重庆大学学报（自然科学版），1994（1）：23-28.

尹晓萌，晏鄂川，黄少平，等. 细观特征对片岩起裂应力与裂纹扩展各向异性的影响［J］. 岩石力学与工程学报，2019，38（7）：1373-1384.

尤明庆，华安增. 岩石试样破坏过程的能量分析［J］. 岩石力学与工程学报，2002（6）：778-781.

余伟健，吴根水，刘泽，等. 松散煤岩组合体不均匀破坏试验研究［J］. 煤炭科学技术，2019，47（1）：85-90.

臧传伟，李朋. 冲刷带构造段巷道支护优化效果监测［J］. 煤矿机械，2019，40（5）：158-160.

曾春华，邹十践. 疲劳分析方法及应用［M］. 北京：国防工业出版社，1994.

张锋，王盼，陈志军，等. 陕北侏罗纪煤田榆神矿区中鸡勘查区煤层厚度混合分布特征及其意义［J］. 地质学刊，2014，38（3）：399-407.

张敏. 循环加卸载下红砂岩次声波特征及损伤表征研究［D］. 赣州：江西理工大学，2018.

张敏霞. 循环荷载作用下水泥土的疲劳特性及其损伤行为研究［D］. 福州：福州大学，2005.

张世殊，刘恩龙，张建海. 砂岩在低频循环荷载作用下的疲劳和损伤特性试验研究［J］. 岩石力学与工程学报，2014，33（S1）：3212-3218.

张鑫，周宗红，张俊杨，等. 大理岩单轴循环加卸载失稳声发射先兆研究［J］.

化工矿物与加工，2020，49（6）：1-6.

张绪言，冯国瑞，康立勋，等. 用剩余能量释放速度判定煤岩冲击倾向性［J］. 煤炭学报，2009，34（9）：1165-1168.

张泽天，刘建锋，王璐，等. 组合方式对煤岩组合体力学特性和破坏特征影响的试验研究［J］. 煤炭学报，2012，37（10）：1677-1681.

张志镇，高峰. 单轴压缩下红砂岩能量演化试验研究［J］. 岩石力学与工程学报，2012，31（5）：953-962.

章光，朱维申. 参数敏感性分析与试验方案优化［J］. 岩土力学，1993（1）：51-58.

赵本钧，章梦涛. 钻屑法的研究和应用［J］. 阜新矿业学院学报，1985（S1）：13-28.

赵军，郭广涛，徐鼎平，等. 三轴及循环加卸载应力路径下深埋硬岩变形破坏特征试验研究［J］. 岩土力学，2020（5）：1-10.

赵同彬，郭伟耀，谭云亮，等. 煤厚变异区开采冲击地压发生的力学机制［J］. 煤炭学报，2016，41（7）：1659-1666.

赵阳升，冯增朝，常宗旭. 试论岩体动力破坏的最小能量原理［J］. 岩石力学与工程学报，2002（21）：1931-1933.

赵阳升，冯增朝，万志军. 岩体动力破坏的最小能量原理［J］. 岩石力学与工程学报，2003（11）：1781-1783.

赵阳升，梁纯升，刘成丹. 钻屑法测量围岩压力的探索［J］. 岩土工程学报，1987（2）：104-110.

赵毅鑫，姜耀东，田素鹏. 冲击地压形成过程中能量耗散特征研究［J］. 煤炭学报，2010，35（12）：1979-1983.

赵毅鑫，姜耀东，祝捷，等. 煤岩组合体变形破坏前兆信息的试验研究［J］. 岩石力学与工程学报，2008（2）：339-346.

赵玉成，赵书熠，周盛林，等. 循环载荷作用下煤的力学性质及声发射特征演化规律［J］. 煤，2013，22（5）：1-4.

周家文，杨兴国，符文熹，等. 脆性岩石单轴循环加卸载试验及断裂损伤力学特性研究［J］. 岩石力学与工程学报，2010，29（6）：1172-1183.

周详，李江腾. 循环加卸载条件下脆性岩体裂纹演化规律［J］. 中南大学学报（自然科学版），2020，51（3）：724-731.

周元超，刘传孝，马德鹏，等. 不同组合方式煤岩组合体强度及声发射特征分

析 [J]. 煤矿安全，2019，50（2）：232-236.

朱万成，逢铭璋，唐春安，等. 含预制裂纹岩石试样在动载荷作用下破裂模式的数值模拟 [J]. 地下空间与工程学报，2005（6）：856-858.

朱泽奇，盛谦，冷先伦，等. 三峡花岗岩起裂机制研究 [J]. 岩石力学与工程学报，2007（12）：2570-2575.

庄贤鹏，王述红，王凯毅，等. 断续双裂隙砂岩的强度与起裂、贯通模式 [J]. 科学技术与工程，2019，19（20）：122-127.

左建平，陈岩，崔凡. 不同煤岩组合体力学特性差异及冲击倾向性分析 [J]. 中国矿业大学学报，2018，47（1）：81-87.

左建平，裴建良，刘建锋，等. 煤岩体破裂过程中声发射行为及时空演化机制 [J]. 岩石力学与工程学报，2011，30（8）：1564-1570.

左建平，谢和平，孟冰冰，等. 煤岩组合体分级加卸载特性的试验研究 [J]. 岩土力学，2011，32（5）：1287-1296.

左建平，谢和平，吴爱民，等. 深部煤岩单体及组合体的破坏机制与力学特性研究 [J]. 岩石力学与工程学报，2011，30（1）：84-92.